Aicha Abid
Mouna Benhamed
Lassaad Sbita

Contribution au diagnostic des défauts par approche multi-modèle

Aicha Abid
Mouna Benhamed
Lassaad Sbita

Contribution au diagnostic des défauts par approche multi-modèle

Application aux machines asynchrones

Presses Académiques Francophones

Imprint

Any brand names and product names mentioned in this book are subject to trademark, brand or patent protection and are trademarks or registered trademarks of their respective holders. The use of brand names, product names, common names, trade names, product descriptions etc. even without a particular marking in this work is in no way to be construed to mean that such names may be regarded as unrestricted in respect of trademark and brand protection legislation and could thus be used by anyone.

Cover image: www.ingimage.com

Publisher:
Presses Académiques Francophones
is a trademark of
International Book Market Service Ltd., member of OmniScriptum Publishing Group
17 Meldrum Street, Beau Bassin 71504, Mauritius

Printed at: see last page
ISBN: 978-3-8416-3370-5

Zugl. / Agréé par: Tunisie, Université de Gabes, Ecole nationale d'ingénieurs de Gabes, 2015

Copyright © Aicha Abid, Mouna Benhamed, Lassaad Sbita
Copyright © 2015 International Book Market Service Ltd., member of OmniScriptum Publishing Group
All rights reserved. Beau Bassin 2015

Remerciements

Le travail présenté dans ce mémoire a été effectué au sein de l'unité de recherche Systèmes Photovoltaïques, Eoliens et Géothermaux, Code : UR11ES82-ENIG.

A cette occasion, Je tiens tout notamment à remercier tous ceux qui m'ont aidée à mener à bien cette thèse.

En premier lieu je voudrais remercier Mademoiselle Mouna BEN HAMED, Maître de conférences à l'Institut Supérieur des systèmes Industriels de Gabes (ISSIG) et directeur de cette thèse pour la confiance qu'elle m'accordée. Pour le temps et la patience qu'elle m'a accordée tout au long de ces années. Je tiens à lui exprimée ma plus profonde reconnaissance et gratitude d'avoir dirigé mon travail.

Je remercie Monsieur Mohamed Faouzi MIMOUNI, Professeur à l'école Nationale d'Ingénieurs de Monastir (ENIM). Je tiens à lui exprimer toute ma reconnaissance pour l'honneur qu'il m'a fait de présider le jury de mémoire.

Je tiens à remercier également, Monsieur Lassaad SBITA, Professeur à l'école Nationale d'Ingénieurs de Gabes (ENIG) et Directeur du l'unité de recherche Systèmes Photovoltaïques, Eoliens et Géothermaux à l'ENIG, pour ces conseils, ses encouragements et pour tout ce qu'il m'a apporté durant ma formation comme chercheur. Encore je lui remercie de l'intérêt qu'il manifeste pour ce travail en participant au jury de mémoire en tant qu'examinateur.

Je suis très honorée de la présence de Monsieur Driss BOUTAT, Professeur des universités à l'ENSI de Bourges. Je tiens à lui exprimer toute ma reconnaissance et gratitude d'avoir accepté de rapporter et d'évaluer cette thèse malgré les distances.

Je remercie Monsieur Adel KHEDHER, Maître de conférences à l'École Nationale d'ingénieurs de Sousse. Je tiens à lui exprimer toute ma reconnaissance d'avoir accepté de rapporter cette thèse.

J'exprime ma profonde reconnaissance à mes parents pour leur soutien sans limites tout au long de ce parcours et leur affection. C'est avec grande tristesse que j'ai appris le décès de ma mère suite à une grave maladie. Je lui exprime toute ma reconnaissance et gratitude avec la grande douleur de ne plus l'avoir parmi nous. Que son âme repose en paix et que Dieu ait pitié d'elle.

Enfin, c'est un immense plaisir que je dédie ce mémoire, à mes adorables sœurs, Mabrouka et Zaineb, et mes frères, Khaled, Zied et Abderrahmane et bien sûr tous les membres de ma famille qui m'ont appuyé tout au long de ce mémoire.

Table des matières

Introduction générale 8

ChapitreI: Etat de l'art sur les défauts des machines asynchrones

I. Introduction 14
II. Etat de l'art sur la MADA 14
   II.1 Modes de fonctionnement de la MADA 15
      II.1.1 Première configuration : Stator alimenté par le réseau, rotor alimenté par un onduleur 17
      II.1.2 Deuxième configuration : MADA alimentée par deux convertisseurs indépendants 17
   II.2. Avantages et inconvénients de la MADA 18
      II.2.1. Avantages de la MADA 18
      II.2.2. Inconvénients de la MADA 19
III. Etat de l'art sur le diagnostic et sûreté de fonctionnement 19
   III.1. Principe de diagnostic 19
      III.1.1. Introduction 19
      III.1.2. Les types des défauts 20
      III.1.3. Les méthodes de détection et isolation des défauts 21
   III.2. Etude des défauts affectant la MADA 26
      III.2.1. Défaut de la machine 26
      III.2.2. Défauts au niveau de l'onduleur ou défaut actionneur 27
      III.2.3. Défauts des capteurs 27
IV. Synthèse et Positionnement de l'étude 29

V. Conclusion 31

Chapitre II: Modélisation classique et multi-modèle de la machine asynchrone doublement alimentée

I. Introduction 33
II. Modélisation classique de la MADA 33
    II.1. Modèle triphasé réel 34
    II.2. Modèle équivalent 36
III. Modélisation et commande MLI de l'onduleur alimentant les enroulements rotoriques de la MADA 38
    III.1. Modélisation de l'onduleur 38
    III.2. Stratégie de commande par MLI Sinus-Triangle 40
IV. Commande scalaire de la MADA 41
V. Modélisation par approche multimodèle 41
    V.1. Généralités sur l'approche multi-modèle 41
        V.1.1. Structure de multi-modèle 42
a. Structure couplée 42
b. Structure découplée 43
    V.2. Principe de la modélisation par l'approche multi-modèle 44
        V.2.1 Stratégie de construction des modèles locaux 44
        V.2.2. Classification 46
        V.2.3. Identification des sous modèles 52
        V.2.4. Génération de la sortie globale de multi-modèle 55
    V.3. Application de l'approche multimodèle à la modélisation de la MADA 57
        V.3.1. Modélisation par l'algorithme de Chiu 58
        V.3.2. Modélisation par l'algorithme de C-means 62
        V.3.3. Modélisation par l'algorithme de K-means 66
        V.3.4. Etude comparative 70

V.3.4. Modélisation par une nouvelle stratégie de classification 71

V.4. Validation expérimentale 76

VI. Conclusion 89

Chapitre III: Diagnostic des défauts de la MADA par approche multi-modèle

I. Introduction 91

II. Diagnostic de MADA par un observateur Proportionnel classique 92

    II.1 Principe d'observateur de Luenberger 92

    II.2. Détection et localisation des défauts de la MADA par l'observateur Lunberger 92

III. Diagnostic de MADA par approche multi-modèle 95

    III.1. Principe de multiobservateur 95

    III.2. Conception des multiobservateurs et observabilité 96

        III.2.1. Conception d'un multiobservateur à gain proportionnel P ou de Lunberger 96

        III.2.2. Multiobservateur de type PI 99

        III.2.3 Etude d'observabilité 103

    III.2. Application à la détection et isolations des défauts de MADA 104

        III.2.1. Mise en équation d'états de multimodèle de MADA. 104

        III.2.2. Conception des multiobservateurs pour la détection des défauts capteurs et actionneurs affectant la MADA 109

IV. Validation expérimentale de diagnostic par approche multimodèle : application à la machine asynchrone 127

V. Conclusion 131

Conclusion générale et perspectives 132

Références Bibliographiques 134

Annexes 139

Tables des Figures

Figure I.1 fonctionnement de MADA en mode moteur hypo-synchrone 15

Figure I.2 fonctionnement de MADA en mode génératrice hyposynchrone. 16

Figure I.3 fonctionnement de MADA en mode moteur hyper-synchrone 16

Figure I.4 fonctionnement de MADA en mode génératrice hyper-synchrone. 16

Figure I.5 Principe générale de l'alimentation de la MADA : Stator lié au réseau et rotor alimenté par convertisseur (onduleur). 17

Figure I.6 MADA alimenté par deux convertisseurs indépendants. 18

Figure I.7 Principe de diagnostic à base de modèle. 22

Figure I.8 Principe d'un observateur proportionnel. 24

Figure I.9 Structure DOS des observateurs 25

Figure I.10 Structure GOS des observateurs 25

Figure I.11 Principe d'un capteur à effet Hall 28

Figure I.12 Pistes A et B sur le disque. 29

Figure II.1 Représentation de la MADA dans le repère triphasé. 34

Figure II.2 Onduleur à IGBT lié aux enroulements rotoriques. 38

Figure II.3 Principe de la commande MLI 40

Figure II.4 Principe de contrôle scalaire appliqué à la machine asynchrone à double alimentation. 41

Figure II.5 Architecture d'un multi- modèle à modèles locaux couplés. 43

Figure II.6 Architecture d'un multi-modèle à modèles locaux découplés. 44

Figure II.7 Principe de modélisation par approche multi-modèle. 46

Figure II.8 Algorithme de C-means. 51

Figure II.9 Procédure générale de l'estimation de l'ordre. 53

Figure II.10 Représentation multivariable de la MADA 58

Figure II.11 Classification de base de données en sous classe par l'algorithme de Chiu. 59

Figure II.12 Variation de vitesse sortie de multimodèle et sortie de système réel. 60

Figure II.13: (a) :validitéV1(k), (b) : validitéV2(k), (c) : validitéV3(k), (d) : validitéV4(k), (e) : validitéV5(k) et (f) : validitéV6(k). 62

Figure II.14 Classification de la base de données en sous classe par l'algorithme de C-means. 63

Figure II.15 Modélisation multi-modèle de la vitesse par la méthode C-means (FCM). 64

Figure II. 16 : (a) : validitéV₁, (b) : validitéV₂, (c) : validitéV₃, (d) : validitéV₄, (e) : validitéV₅ et (f) : validitéV₆. 66

Figure II.17 Classification de base de données en sous classes par l'algorithme de K-means. 67

Figure II. 18 Modélisation multi-modèle de la vitesse par la méthode K-means. 68

Figure II. 19 : (a) : validitéV1, (b) : validitéV2, (c) : validitéV3, (d) : validitéV4, (e) : validitéV5 et (f) : validitéV6. 70

Figure II. 20. Evolution des erreurs normalisés : (a) : par la méthode de Chiu, (b) : par la méthode de C-means et (c) : par la méthode de K-means. 71

Figure II. 21 Modélisation multi-modèle de la vitesse par la nouvelle méthode de classification 72

Figure II. 22 Variation de vitesse sortie de multimodèle et sortie de système réel 74

Figure II. 23 Variation du courant rotorique ird issu de multimodèle et celui issu de système réel. 75

Figure II. 24 Variation du courant rotorique iqr sortie de multimodèle et celui de système réel. 75

Figure II. 25 Evolution de sortie de modèle avec RLS, sortie de multimodèle et sortie de système réel. 76

Figure II. 26 Variation de la vitesse en fonction des perturbations autour de 2450tr/mn. 77

Figure II. 27. Variation de la vitesse en fonction des perturbations autour de 600tr/mn. 77

Figure II. 28 Variation de la vitesse en fonction des perturbations autour de 600 tr/mn. 78

Figure II. 29 Prototype expérimental. 79

Figure II. 30 répartitions des classes de courant 80

Figure II. 31 répartitions des classes de courant 81

Figure II. 32 Les validités des sous modèles de vitesse : (a) : validité de premier sous modèle, (b) : validité de second sous modèle, (c) : validité de troisième sous modèle, (d) : validité de quatrième sous modèle, (e) : validité de cinquième sous modèle, (f) : validité de sixième sous modèle, (g) : validité de septième sous modèle et (h): validité de huitième sous modèle. 85

Figure II. 33 Les validités des sous modèles de courant : (a) : validité de premier sous modèle, (b) : validité de second sous modèle, (c) : validité de troisième sous modèle, (d) : validité de quatrième sous modèle, (e) : validité de cinquième sous modèle, (f) : validité de sixième sous modèle, (g) : validité de septième sous modèle et (h): validité de huitième sous modèle. 87

Figure II. 34 Sortie réelle et sortie de multi-modèle. 88

FigureIII. 1 Evolution des courants du moteur et ceux estimés avec défauts capteurs (a) : courant isd, (b) : courant isq, (c) : courant ird et (d) : courant irq. 94
Figure III. 2 Evolutions des courants du moteur et ceux estimés avec défauts capteurs pour une vitesse de 200rad/s. 95
Figure III. 3Les pôles du multimodèle. 107
Figure III. 4 Principe du diagnostic de la MADA par multiobservateur. 110
Figure III. 5 Défaut au niveau du capteur de vitesse. 111
Figure III. 6 Défaut au niveau du capteur de courant i_{rd}. 111
Figure III. 7Défaut au niveau du capteur de courant irq 112
Figure III. 8 Evolution de sortie du système et du multiobservateur. 113
Figure III. 9 Evolution du signal résidu et du défaut capteur vitesse. 113
Figure III. 10 Evolution du courant i_{rd} issu du système et du multiobservateur. 114
Figure III. 11 Evolution du signal résidu et du défaut capteur du courant i_{rd}. 114
Figure III. 12 Evolution du curant i_{rq} issu du système et du multiobservateur. 115
Figure III. 13 Evolution du signal résidu et du défaut capteur du courant i_{rq}. 115
Figure III. 14 Evolution des sorties du système et du multiobservateur. 118
Figure III. 15 Evolution du signal résidu et du défaut capteur de vitesse 118
FigureIII. 16 Evolution des sorties du système et du multiobservateur. 119
Figure III. 17 Evolution du signal résidu et du défaut capteur du courant ird. 119
Figure III. 18 Evolution des sorties du système et du multiobservateur. 120
Figure III. 19 Evolution du signal résidu et du défaut capteur du courant i_{rq}. 120
Figure III. 20 Scénario des résidus : (a) : Résidu de la vitesse Rw, (b) : Résidu du courant ird Rid, (c) : Résidu du courant irq Riq et (d) : Les défauts capteurs. 121
Figure III. 21 Signal de défaut 123
Figure III. 22 Evolution de la vitesse réelle et celle estimée et du résidu de vitesse 124
Figure III. 23 Evolution du courant i_{rq} réel et celui estimé et du résidu 124
Figure III. 24 Evolution du courant i_{rd} réel et celui estimé et du résidu. 124
Figure III. 25 Evolution du signal du défaut actionneur et de son estimée 125
Figure III. 26 Scénario des résidus : résidu de la vitesse Rw, résidu du courant i_{rd} R_{id}, résidu du courant i_{rq} R_{iq}. 126
Figure III. 27 signal du défaut. 128
Figure III. 28 Sortie réelle avec défaut, et sortie estimée. 129
Figure III. 31 Evolution de la sortie réelle courant avec défaut, et celle estimée 130
Figure III. 32 Défaut du courant réel et son estimé. 130

Notations et Abréviations

Notations

L_s	Inductance cyclique statorique
L_r	Inductance cyclique rotorique
M_{sr}	Inductance mutuelle
R_s	Résistance statorique
R_r	Résistance rotorique
J	Moment d'inertie de la machine
f	Coefficient de frottement visqueux
w_s	pulsation de synchronisme
N_p	Nombre de pair de pôles
Ω	Vitesse mécanique du rotor
w_r	Vitesse angulaire électrique rotorique
w	Vitesse angulaire électrique de MADA
M_s	Inductance mutuelle inter-phases statorique.
M_r	Inductance mutuelle inter-phases rotorique.
i_{sd}, i_{sq}	Composantes de courant statorique dans le repère dq;
i_{rd}, i_{rq}	Composantes de courant statorique dans le repère dq;
v_{sd}, v_{sq}	Composantes de tension statorique dans le repère dq;
v_{rd}, v_{rq}	Composantes de tension statorique dans le repère dq;
y_m	Sortie globale de multi- modèle.
V_i	Validité de l'$i^{ème}$ sous modèle.
y_i	Sortie de l'$i^{ème}$ sous modèle.
y_{mm}	Sortie de multimodèle.
x_i	Etat de l'$i^{ème}$ sous modèle
N	Nombre des classes.
θ^T	Vecteur des paramètres à identifier.
$\varphi^T(k)$	Vecteur des données.
y (k)	Sortie du système.
r_i	Résidu au niveau du $i^{ème}$ sous modèle local.
r_{ni}	Résidu normalisé au niveau du $i^{ème}$ sous modèle local.
x_{abc} :	grandeurs statoriques et rotoriques dans le repère triphasé.
x_{dqo} :	grandeurs statoriques et rotoriques dans le repère biphasé.

Abréviations

MADA	Machine asynchrone à double alimentation;
MLI	Modulation de Largeur d'Impulsion;
LMI	Linear Matrix Inequality;
PI	Proportionnel-Intégral;
FDI	Fault Detection and Isolation;
RDI	Rapport des Déterminants Instrumentaux
RLS	Recursive Least Square.

Introduction générale

L'évolution technologique de plus en plus considérable des systèmes industriels s'accompagne certainement d'une complexité croissante de ces processus. Ainsi, face à ces complexités, il s'avère intéressant de maximiser les performances, d'augmenter les compétences, tout en assurant l'accroissement de leurs fiabilités, et d'améliorer la sécurité du personnel et du matériel. Ces objectifs ont contribué au développement de nouvelles procédures et d'algorithmes de surveillance qui permettent la détection, la localisation et l'identification des éventuels défauts. Parmi les techniques de détection de défauts les plus répandues en automatique, celles qui reposent sur la génération de résidus, à partir d'un modèle de fonctionnement sain. Ces procédures comprennent une étape de génération d'indicateurs de défauts ou résidus. La génération de ces résidus requiert l'exploitation des informations issues d'un modèle adéquat, afin de les comparer à celles fournies par les instruments de mesure. Par ailleurs, une ultime phase préliminaire d'analyse est la modélisation de ces processus. Un modèle adéquat doit, d'une part, prendre en considération la complexité et la non linéarité du système, afin d'obtenir une représentation fidèle de ses comportements, et d'autre part, ce modèle doit être moins complexe et plus facile de façon à rendre la tâche de diagnostic la plus aisée possible. Une approche de modélisation comme solution à ces problèmes est l'approche multi-modèle. En effet, les multimodèles facilitent l'extension de certains outils d'analyse, développés dans le cadre des systèmes linéaires, aux systèmes non linéaires et ce, sans effectuer d'analyse spécifique sur la non-linéarité du système. L'approche multimodèle permet de réduire la complexité du système non linéaire en le représentant sous forme de plusieurs modèles linéaires locaux. Chaque sous-modèle contribue à la représentation globale par une fonction de pondération.

Dans le cadre du diagnostic des systèmes décrits par une représentation multi-modèle, le travail proposé dans cette thèse s'intéresse au diagnostic de la MADA, en tant que moteur. L'utilisation de cette machine dans les applications industrielles a connu une croissance spectaculaire au cours des dernières années, puisqu'elle bénéficie de certains avantages par rapport à tous les autres types à vitesse variable. Ainsi, un intérêt de plus en plus croissant est accordé à la mise en œuvre d'un processus de supervision afin de garantir la sûreté de fonctionnement de cette machine, et par conséquent, de l'ensemble du dispositif industriel intégrant la machine, comme étant un constituant primordial.

Au cours de ce travail, nous tenterons d'apporter une simplification dans la conception des observateurs pour la détection et la localisation des défauts capteurs et actionneurs qui peuvent affecter la MADA, par l'application de l'approche multimodèle. L'organisation de cette thèse envisage les différentes étapes pour l'achèvement de la tâche de détection et d'isolation des défauts, commençant par la phase de modélisation, la phase de synthèse d'observateurs, et finalement, leur application dans la détection des défauts de la machine.

Le premier chapitre présente un état de l'art composé de trois parties. La première partie de l'étude bibliographique concerne le principe de fonctionnement de la MADA. Ainsi, deux configurations principales de la machine sont citées : celle basée sur une MADA connectée à un onduleur côté rotor et au réseau côté stator, et celle d'une MADA connectée à deux onduleurs au niveau des enroulements statoriques et au niveau des enroulements rotoriques. La deuxième partie est consacrée à l'étude de la sûreté de fonctionnement de la machine à double alimentation avec focalisation sur les différents types de défauts qui peuvent affecter la machine. Dans une troisième partie, l'accent sera mis sur un état de l'art sur le principe de diagnostic et les principales méthodes de détection et de localisation des défauts sur les systèmes non linéaires.

Le deuxième chapitre de la thèse comportera deux grands volets. Le premier s'intéressera à la modélisation de la machine à double alimentation, selon les référentiels appropriés dans un repère triphasé (a,b,c) puis dans un repère diphasé (d, q) ainsi qu'à la modélisation des convertisseurs électroniques utilisés pour l'alimentation de la MADA. Le second est réservé à l'étude de la modélisation de la MADA, par approche multimodèle de structure découplée.

La stratégie de modélisation par approche multi-modèle adoptée est validée expérimentalement sur un moteur asynchrone à cage.

Le troisième chapitre aborde la détection et l'isolation des défauts, capteur et actionneur, qui peuvent affecter la machine. Tout d'abord, dans une première partie, on a utilisé un observateur classique, de type Luenberger, modifié pour s'adapter à l'équation non linéaire de l'état de la MADA. Dans une deuxième partie, deux multiobservateurs consacrés à l'estimation d'états ont été conçu. Le premier multiobservateur est de type proportionnel. Le deuxième est de type proportionnel-intégral.

La résolution d'un ensemble de conditions LMI garantissant la stabilité asymptotique des multiobservateurs permet l'obtention de leurs gains. Ces multiobservateurs sont exploités pour la détection et l'identification des défauts capteurs et actionneurs de la MADA. Ces multiobservateurs sont ensuite validés sur la machine asynchrone à cage. Les résultats expérimentaux ainsi obtenus ont été commentés et discutés.

Publications scientifiques personnelles

Revues Internationales

[1] **Abid Aicha**, Ben Hamed Mouna, Sbita Lassaâd, "Multimodel Modeling of Doubly Fed Induction Motor", International Review on Modeling and Simulations(I.RE.MO.S.),vol. 7,N.2, pp.238-244, Avril 2014.

[2] Ben Mabrouk Zaineb, **Abid Aicha**, Ben Hamed Mouna, Sbita Lassaâd, "Faults detection of nonlinear NCS Subject to Times Delays Using Multi-model Approach: Application to Induction Motor", International Review of Electrical Engineering (IREE), Vol. 9, no. 2, pp. 280-289, Avril 2014.

[3] **Abid Aicha**, Ben Hamed Mouna, Sbita Lassaâd, "Induction Motor Real Time Application of Multimodel Modeling Approach", International Review of Electrical Engineering (IREE), Vol. 6, no. 2, pp. 655-660, 2011.

[4] Ben Hamed Mouna, **Abid Aicha**, Sbita Lassaâd, " Neural Network Speed Sensorless Direct Vector Control of Induction Motor using Fuzzy Logic in Speed Control Loop", International Review of Electrical Engineering (IREE), International Review of Electrical Engineering (IREE), Vol. 6, no. 2, pp. 2237-2246, 2011.

Communications internationales

[1] **Abid Aicha**, Amel Adouni, Mouna Ben Hamed and Lassaâd Sbita, "A New Pv Cell Model Based On Multi Model Approach", The Fourth International Renewable Energy Congress, Sousse, Tunisia, pp. 1447- 1452, 20-22, December 2012.

[2] **Abid Aicha**, Ben Mabrouk Zaineb, Ben Hamed Mouna, Sbita Lassaâd, "Multiple Lunberger Observer for an Induction Motor represented by decoupled multiple model", 2013 10th International Multi-Conference on Systems, Signals & Devices (SSD) Hammamet, Tunisia, March 18-21, 2013.

[3] Ben Mabrouk Zaineb, **Abid Aicha**, Ben Hamed Mouna, Sbita Lassaâd, "Estimation for Random sensor Failure of Networked Control System subject to random packet dropout", 2013 10th International Multi-Conference on Systems, Signals & Devices (SSD) Hammamet, Tunisia, March 18-21, 2013.

[4] Ben Hamed Mouna, Sbita Lassaâd, Flah Aymen, **Abid Aicha** and Guarraoui Radia, "A real time Implementation of an Improved MPPT Controller for Photovoltaic Systems", 2012 First International Conference on Renewable Energies and Vehicular Technology, (REVET 2012), Nabeul, Tunisia, pp. 173-178, March 26-28, 2012.

Chapitre I
Etat de l'art sur les défauts des machines asynchrones

Etat de l'art sur les défauts des machines asynchrones

I. Introduction

Avant d'entamer l'étude de diagnostic de la MADA par approche multi-modèle, un état de l'art des travaux, au sujet de cette machine, est effectué. La littérature consacre aujourd'hui un grand intérêt à la machine asynchrone doublement alimentée pour multiples applications : en tant que génératrice d'énergies renouvelables, en particulier les énergies éoliennes, ou en tant que moteur pour des applications industrielles, telles que la traction ferroviaire, la propulsion maritime, le laminage ou le pompage. Ainsi, en se référant à des travaux scientifiques, une synthèse bibliographique, orientée vers trois axes a été raffinée.

Nous nous intéressons, dans un premier temps, aux différentes configurations des MADA selon leurs applications.

Un deuxième volet de cette étude bibliographique est dédié à la prise en compte de la sûreté de fonctionnement des machines asynchrones, et en particulier, au niveau de MADA. Multiples défaillances peuvent apparaître dans les convertisseurs statiques. Elles peuvent être prévisibles ou intempestives, mécaniques comme elle peuvent être et apparaissent alors au niveau des roulements électriques, soit au niveau des circuits électriques statoriques, ou au niveau des circuits électriques rotoriques.

L'étude de la sûreté de fonctionnement nécessite tout d'abord un état de l'art sur le principe et les différentes méthodes les plus répandues de diagnostic des systèmes non linéaires.

II. Etat de l'art sur la MADA

La MADA est une machine asynchrone à rotor bobiné qui a un stator identique à celui de la machine asynchrone à cage, mais avec un rotor de composition différente, puisqu'il est constitué d'enroulements triphasés, rangés de la même manière que celle des enroulements statoriques. Cette structure lui permet d'être sous tension, branché en étoile par l'intermédiaire d'un système de balais et de bagues : c'est la double alimentation de la machine [1] et [2].

Cette machine peut être qualifiée de machine généralisée, puisque, grâce à son alimentation électrique, son fonctionnement ressemble à celui d'autres machines usuelles [3].

En effet, son fonctionnement est similaire à celui d'une machine asynchrone à cage, si les enroulements rotoriques de la MADA sont court-circuités.

En cas de flux constant au niveau des enroulements rotoriques de la MADA (le courant est supposé constant (régulation)), son fonctionnement est identique à celui d'une machine synchrone à inducteur bobiné (à pôles lisses).

Dans un autre cas, si maintenant les enroulements statoriques sont le siège d'un flux constant, la MADA est tout comme une machine à courant continu, dont le collecteur mécanique serait remplacé par un collecteur électronique (onduleur).

II. Modes de fonctionnement de la MADA

Comme la machine asynchrone à cage d'écureuil, la MADA peut fonctionner selon deux modes : soit en moteur ou en générateur, mais la différence réside dans le fait que pour la MADA, la vitesse de rotation n'impose pas le mode de fonctionnement.

Pour la MADA, le champ magnétique à l'intérieur de la machine est commandé par les tensions rotoriques. Ce qui lui offre la possibilité de fonctionner en hyper ou en hypo synchronisme, aussi bien en mode moteur qu'en mode générateur.

Les différents modes de fonctionnement seront traités régulièrement dans quatre cas possibles [1].

Premier cas : Moteur hypo-synchrone

Si la puissance est fournie au stator par le réseau, et si la puissance de glissement est transmise au réseau par le rotor, on dit alors que la machine fonctionne en moteur, en dessous de la vitesse de synchronisme : fonctionnement en hypo-synchrone ; tandis que dans le cas de fonctionnement similaire, la puissance de glissement de la machine asynchrone à cage d'écureuil est dissipée en perte joule dans le rotor.

Figure I.1 fonctionnement de la MADA en mode moteur hypo-synchrone.

Deuxième cas : Générateur hypo-synchrone

Si maintenant la puissance est fournie au stator par le réseau, et si la puissance de glissement est fournie au rotor par le réseau, on dit alors que le fonctionnement est en générateur hypo-synchrone. Dans le cas d'une MAS classique, ce mode de fonctionnement n'existe pas.

Figure I. 2 fonctionnement de la MADA en mode génératrice hypo-synchrone.

Troisième cas : Moteur hyper-synchrone

Si la puissance est fournie par le réseau au stator, et la puissance de glissement fournie par le réseau est absorbée par le rotor, on a alors un fonctionnement du moteur au-dessus de la vitesse de synchronisme, ou hyper-synchrone.

Figure I. 3 fonctionnement de la MADA en mode moteur hyper-synchrone.

Quatrième cas : Génératrice hyper-synchrone

Si la puissance est fournie au réseau par le stator et si la puissance de glissement est récupérée par le rotor pour être injectée au réseau, on dit alors que la MADA fonctionne en générateur hyper-synchrone.

Figure I. 4 fonctionnement de la MADA en mode génératrice hyper-synchrone.

Par ailleurs, la double alimentation de la MADA lui permet plusieurs possibilités de reconfiguration du mode de fonctionnement. Selon leurs applications, deux configurations essentielles de la MADA sont généralement développées dans la littérature. La configuration, largement répandue dans les systèmes éoliens à vitesse variable, avec MADA, consiste à alimenter le rotor par un convertisseur et à lier le stator directement au réseau.

La seconde configuration concerne la MADA alimentée par deux convertisseurs : l'un au stator et l'autre au rotor. Les applications de cette configuration sont destinées aux variateurs de très grande puissance.

II.1.1 Première configuration : Stator alimenté par le réseau, rotor alimenté par un onduleur

Dans le cadre de cette première configuration, la littérature comporte un nombre important de travaux effectués [1], [2], [5] et [6].

Cette configuration est appelée « classe MADA simple » ou encore la « cascade hyposynchrone ». Elle permet de contrôler la puissance active et réactive statoriques, à la fois, en régime permanent et transitoire. Dans ce cas, la machine peut fonctionner en moteur ou en générateur. L'application la plus courante concerne les systèmes de production d'énergie électrique notamment les systèmes éoliens et hydrauliques. La figure I.5 représente le schéma général du principe de fonctionnement de la MADA dans cette configuration.

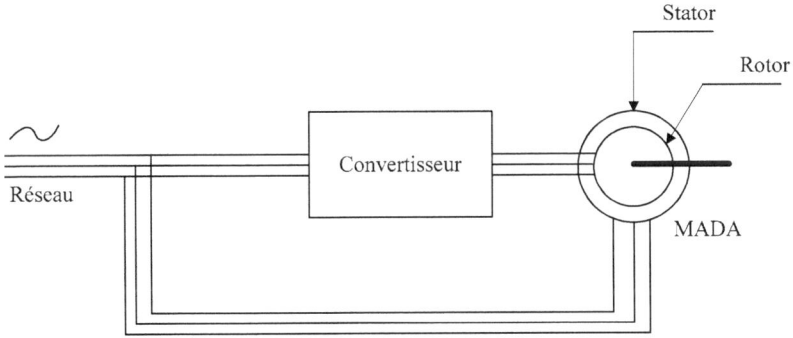

Figure I.5 Principe général d'alimentation de la MADA : Stator lié au réseau et rotor alimenté par convertisseur (onduleur).

II.1.2 Deuxième configuration : MADA alimentée par deux convertisseurs indépendants

Dans ce cas, la MADA est alimentée par deux convertisseurs qui peuvent être deux cycloconvertisseurs, deux onduleurs, etc.. Il s'agit de la configuration la plus générale des systèmes intercalant une MADA. Cette configuration est développée pour les applications des variateurs de très grande puissance. Plusieurs travaux dans la littérature témoignent des bonnes performances de cette machine dans ce mode de fonctionnement [2]- [4] et [7].

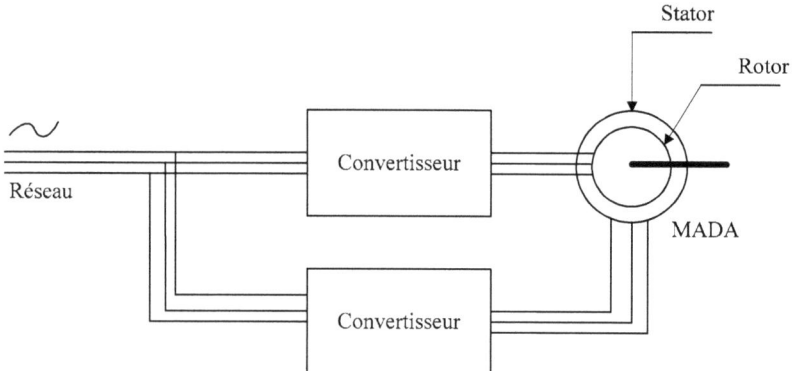

Figure I. 6 MADA alimentée par deux convertisseurs indépendants.

Seul le mode de fonctionnement de la première configuration en mode moteur avec stator directement connecté au réseau, et rotor alimenté par un onduleur, nous concerne dans cette étude.

II.2. Avantages et inconvénients de la MADA

Comme les autres machines, lors de son fonctionnement à vitesse variable, la MADA présente quelques avantages mais aussi quelques inconvénients liés à plusieurs facteurs : structure, stratégie de commande et applications.

II.2.1. Avantages de la MADA

Plusieurs avantages de la MADA peuvent être mentionnés :

- La MADA peut fonctionner à couple constant pour une vitesse supérieure à la vitesse nominale [2].

- La MADA peut fonctionner en régime dégradé, si l'un des deux convertisseurs tombe en panne. Elle est plus souple que la machine à simple alimentation [7].

- La commande du rotor de la MADA par un convertisseur de puissance de haute commutation, et de fréquence relativement faible par rapport à la fréquence statorique, permet de réaliser de hautes performances dynamiques, telles que la minimisation des harmoniques, l'amélioration du rendement et du niveau de temps de réponse [8].

- La MADA permet de réduire la taille des convertisseurs d'environ deux tiers, en variant la vitesse et en agissant sur la fréquence d'alimentation des enroulements rotoriques. Ce qui rend ce dispositif économique vis-à-vis de la consommation de puissance réactive comparativement avec la machine asynchrone à cage d'écureuil. Il peut même être fournisseur de puissance réactive [9].

- En mode de fonctionnement générateur, être alimenté par fréquence variable au niveau du côté rotorique, permet de générer une fréquence fixe au stator, voire en cas de variation de vitesse. Ce qui permet de propser la MADA, dans de nombreux systèmes de production d'énergie comme une alternative importante aux machines synchrones classiques [9].

II.2.2. Inconvénients de la MADA

Comme la MADA est une machine asynchrone avec une structure non linéaire, sa commande est qualifiée de complexe.

- Elle est plus volumineuse qu'une MAS à cage de puissance équivalente. Le nombre de convertisseurs est plus important. Par conséquent, le prix est élevé [7].

- Le marché traditionnel est conquis par la MAS à cage qui est très étudiée et très connue. La nouveauté peut ennuyer [2] et [8].

III. Etat de l'art sur le diagnostic et sûreté de fonctionnement

La détection de défauts dans les machines électriques a fait l'objet de nombreuses recherches depuis de nombreuses années. Un deuxième volet de cette étude bibliographique sera consacré à la prise en compte de la sûreté de fonctionnement du système étudié (MADA avec convertisseur).

Tout d'abord, avant d'étudier les différents défauts qui peuvent affecter la machine, une étude du principe de diagnostic et des différents types de défauts, s'avère indispensable.

III.1. Principe de diagnostic

III.1.1. Introduction

Le diagnostic s'intègre dans le cadre le plus général de la surveillance, qui doit permettre de définir le mode de fonctionnement d'un système, en acquérant des informations, en reconnaissant et en indiquant les anomalies de comportement du système.

Le système de diagnostic doit réaliser les trois tâches suivantes :

- La détection : elle consiste à prendre une décision binaire : soit le système est en fonctionnement normal, soit une panne s'est produite. Il s'agit de déterminer l'apparition et l'instant d'occurrence d'un défaut. La décision peut être obtenue en comparant le comportement du modèle du système à celui du système réel.

- La localisation : elle consiste à déterminer les composants défectueux. Cette étape est appelée aussi « isolation des défauts ».

- L'identification : elle consiste à déterminer le type de défaut, en vue de déterminer le type de maintenance ou de correction (accommodation, reconfiguration) à réaliser sur l'installation. Cette étape nécessite souvent la connaissance d'un modèle de défaut, c'est-à-dire son amplitude et sa forme pour fournir sa valeur à chaque instant.

Généralement, les systèmes de surveillance ne s'intéressent qu'aux des deux premières tâches : la détection et la localisation des défauts, tandis que l'identification d'une panne n'est effectuée que pour reconfigurer une loi de commande. Comme ces algorithmes de surveillance ne comprennent que ces deux tâches, ils sont qualifiés d'algorithmes « FDI » (Fault Detection and Isolation).

III.1.2. Les types de défauts

Un défaut est un événement qui peut apparaître dans différentes parties du système. Les différents types de défauts qui peuvent affecter les systèmes industriels peuvent être classés en défauts d'actionneurs, défauts de capteurs et défauts de système.

A. Les défauts d'actionneurs

Les défauts d'actionneurs surviennent au niveau de la partie opérative et affectent le signal d'entrée du système. Ils peuvent causer la perte totale (défaillance) ou partielle de l'actionneur défectueux. On parle de perte totale d'un actionneur si par exemple cet actionneur est resté "bloqué" sur une position entrainant une inaptitude à commander le système par ce même actionneur. Un défaut partiel affectant l'actionneur ne l'empêche pas de réagir de façon similaire au régime nominal, mais uniquement en partie, autrement dit, avec une certaine dégradation dans son action sur le système. Par exemple, une fuite hydraulique ou pneumatique, ou encore une chute de tension d'alimentation, peut engendrer la perte partielle d'un actionneur.

B. Les défauts des capteurs

Un défaut de capteur dégrade l'état physique du système et en particulier la grandeur physique à mesurer. Dans cette catégorie, on distingue deux types de défauts : l'un partiel, l'autre total. Le défaut partiel peut causer un signal avec plus ou moins d'adéquation avec la valeur exacte de la variable à mesurer. Cela peut s'expliquer par une diminution de la valeur visualisée, par rapport à la valeur réelle, ou par l'apparition d'un biais ou de bruit aggravé, empêchant une bonne lecture. Un défaut de capteur total produit une valeur totalement différente de la grandeur à mesurer.

Dupliquer les capteurs (redondance matérielle) est l'une des solutions pour assurer une tolérance aux défauts de capteurs. Un système de décision est appliqué sur les valeurs redondantes pour retenir la présence ou non d'une telle faute. Cette stratégie comporte un coût important en instrumentation, mais s'avère extrêmement simple à mettre en œuvre. Elle est implémentée, essentiellement, sur les systèmes à haut risque, comme les centrales nucléaires ou les avions.

C. Les défauts composants ou de systèmes

Ce type de défaut affecte seulement les composants du système lui-même. Il provoque des perturbations dans les paramètres du système. Ce qui entraine un changement dans son comportement dynamique et des modifications dans ses caractéristiques. [10]

En fait, un défaut de composant est le résultat d'une casse ou de la destruction d'un constituant du système, ce qui entraine l'incapacité de ce dernier à effectuer une tâche. Une résistance à coefficient de température négatif d'une chaufferie cassée, un roulement altéré, sont des exemples courants de défauts des composants [11] et [12].

Les défauts peuvent être aussi classés en défauts additifs et défauts multiplicatifs, selon leurs influences sur les performances d'un système. Les défauts additifs agissent sur la moyenne du signal de sortie du système. Tandis que les défauts multiplicatifs aboutissent à des changements dans les valeurs des paramètres du système.

III.1.3. Méthodes de détection et isolation des défauts

Souvent, les méthodes de détection et isolation des défauts (FDI) sont réparties en deux catégories principales : les techniques basées sur l'idée de la non-disponibilité d'un modèle mathématique, dont seules les données acquises sur le processus permettent de caractériser son mode de fonctionnement. Par exemple, parmi ces techniques ou méthodes, la redondance matérielle représente le moyen le plus direct et le plus efficace [13]. Elle consiste à obtenir une information fiable sur une même variable, tout en disposant de plusieurs capteurs la mesurant simultanément. Ainsi, la détection et la localisation d'un défaut de capteur nécessite au moins trois capteurs. Mais, la redondance physique a un inconvénient important qui réside dans l'augmentation considérable du coût, proportionnellement au nombre de capteurs ou encore dans les problèmes d'encombrement liés à l'installation et à la maintenance de ces capteurs. Mais, cette approche reste très utile dans des domaines où les exigences de sécurité l'emportent sur les problèmes économiques, comme dans les centrales nucléaires où un simple défaut peut déclencher des catastrophes humaines et écologiques [12].

D'autres techniques, n'utilisant ni modèles ni redondance matérielle, peuvent également être mises en œuvre. On trouve également les méthodes basées sur le traitement du signal qui sont aussi des techniques très appliquées dans le diagnostic sans modèle. Les signaux peuvent par exemple être analysés par des techniques de transformée de Fourier ou de transformation en ondelettes, afin de détecter des variations brusques dans un signal [14].

On peut conclure que les méthodes sans modèle sont très intéressantes pour les systèmes de grandes dimensions, où il est impossible de formuler les comportements sous forme mathématique. La deuxième catégorie concerne les techniques basées sur le modèle décrivant le comportement du système. Elles s'appuient sur la comparaison du comportement du système observé avec le comportement du modèle.

À présent, nous allons décrire les méthodes de détection et d'isolation des défauts, basées sur le modèle.

A. **Les méthodes à base de modèle**

Les méthodes de diagnostic à base de modèle ont acquis un grand intérêt dans la littérature. Elles sont traitées de plusieurs manières, sous différentes formes, selon la nature des applications. La détection des défauts représente la première étape dans la mise en œuvre d'un système de diagnostic à base de modèle. Elle consiste à produire des indicateurs de défauts ou résidus qui comprennent des informations sur les anomalies ou dysfonctionnements du système défectueux, vu que ces indicateurs sont les résultats des comparaisons du comportement du modèle avec celui du système réel. Ces résidus sont évalués par l'intermédiaire d'un système de décision. Dans le cas idéal, un résidu est nul lorsque le système est en fonctionnement normal et diffère significativement de zéro en présence de défauts. [15]

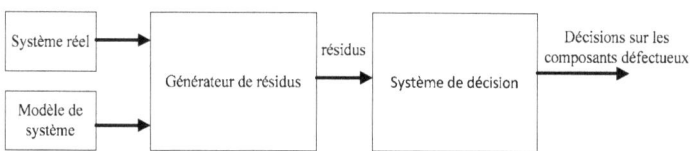

Figure I. 7 Principe du diagnostic à base de modèle.

Généralement, il existe trois approches de diagnostic à base de modèles, capables de générer les résidus ; approche par espace de parité, méthode par estimation paramétrique et méthode à base d'observateurs.

- **Approche par espace de parité**

Le principe de l'approche du diagnostic à base de modèle par espace de parité, réside dans l'utilisation de la redondance entre les entrées et les sorties du système, sans l'apparition d'états dans les équations, tout en surveillant la cohérence entre les relations mathématiques du modèle et les mesures. Les résidus sont construits en exploitant les relations temporelles entre les sorties et les entrées, tout en calculant la différence entre la mesure et sa valeur reconstruite par le modèle [16]- [18].

- **Approche par estimation paramétrique**

L'idée de cette approche consiste à identifier, en temps réel, les paramètres du système par les méthodes d'identification classiques, tout en les comparant aux paramètres nominaux du système non affecté par les défauts. Le résultat de la comparaison induit à la génération de résidus ce qui signifie qu'un changement s'est opéré dans l'un des paramètres. Ce type d'approche est très intéressant pour le diagnostic des défauts multiplicatifs, résultant d'un changement dans les paramètres du système. Cette approche a été développée pour les systèmes linéaires et généralisée aux systèmes non linéaires [19] et [20].

- **Approche à base d'observateur**

Le diagnostic à base d'observateurs est une technique ayant fait l'objet de très nombreux développements dans le domaine du diagnostic avec modèles. Elle repose sur le principe de génération de résidus, en comparant les informations disponibles sur les variables du système mesurées aux variables estimées, issues d'un observateur [21] et [22].

Les premières solutions théoriques proposées pour les systèmes non-linéaires consistaient souvent à revenir, d'une façon ou d'une autre, aux systèmes linéaires et à appliquer des estimateurs de type Kalman-Luenberger. Suivant les éléments à contrôler, les méthodes de détection sont classées en deux catégories : détection des défauts de capteurs et détection des défauts d'actionneurs. Selon que l'on souhaite détecter des défauts d'actionneurs ou de capteurs, on n'utilise qu'une partie des entrées (observateurs à entrées inconnues) ou une partie des sorties. Dans les deux cas, ceci n'est possible que si le système reste observable sur la base des informations disponibles.

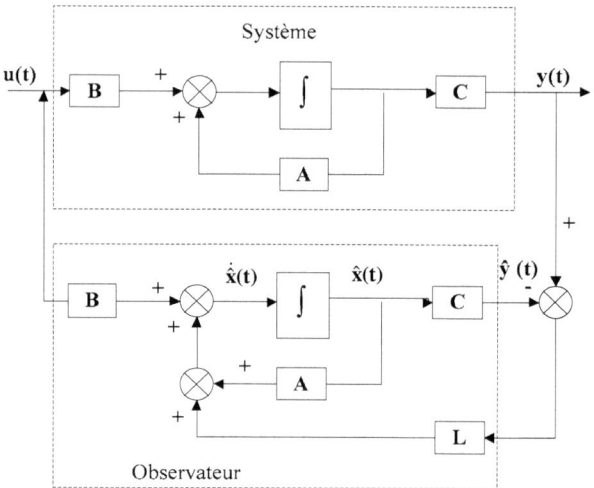

Figure I. 8 Principe d'un observateur proportionnel.

Plusieurs types d'observateurs sont développés dans la littérature, selon le type de système. Pour les systèmes linéaires, les observateurs adoptés sont souvent ceux de Kalman ou de Luenberger. Pour les systèmes non linéaires, d'autres types d'observateurs sont traités. Parmi les plus traités, on peut mentionner l'observateur de Kalman étendu, celui de Luenberger étendu, l'observateur à entrées inconnues, l'observateur adaptatif et l'observateur proportionnel intégral.

Le principe de détection des défauts pour les approches de FDI, à base d'observateur, est de construire un observateur, capable de générer des résidus, à partir des estimations des variables du système, en exploitant les mesures disponibles.

Le principe d'isolation des défauts se base souvent sur le principe de banc d'observateurs. Différents bancs d'observateurs ont été proposés dans la littérature [12], [21] et [22]. Un banc d'observateur est un ensemble d'observateurs réunis pour détecter de spécifiques défauts d'actionneurs ou de capteurs. Généralement, selon le type de défaut à isoler, deux principales structures de banc peuvent être envisagées. Une structure dédiée d'observateurs (DOS) et une structure généralisée d'observateurs (GOS).

La structure du banc d'observateurs dédiés (DOS) consiste, pour l'isolation des défauts de capteurs, à associer à chaque sortie du système un seul observateur, de façon que chaque observateur soit piloté par une seule sortie et par toutes les entrées. En cas de défaut, chaque observateur est sensible à un seul défaut. Pour l'isolation des défauts d'actionneurs, le principe des bancs dédié consiste à concevoir un ensemble d'observateurs de facon que chaque observateur soit piloté par une seule entrée et par toutes les sorties du système.

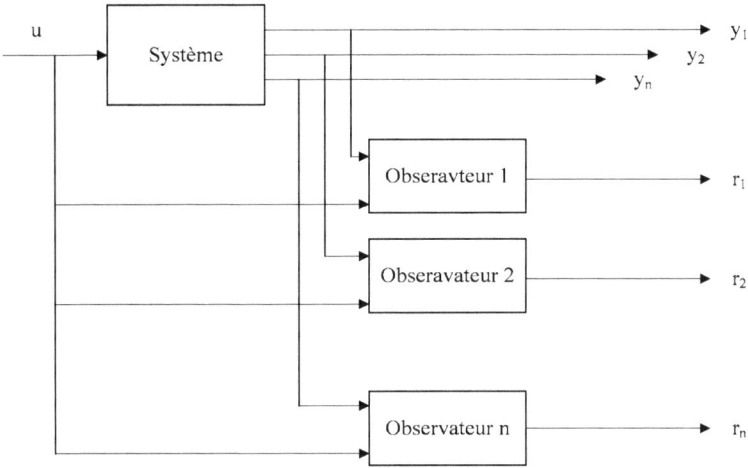

Figure I. 9 Structure (DOS) des observateurs

Le principe d'un banc d'observateurs généralisé (GOS) est de synthétiser un ensemble d'observateurs dont l'$i^{ème}$ observateur est piloté par toutes les entrées sauf l'$i^{ème}$ et par toutes les sorties. La sortie de cet observateur est donc sensible aux défauts acctionneur de toutes les entrées, sauf ceux affectant l'$i^{ème}$. Dans le cas des défauts capteurs, l'$i^{ème}$ observateur est piloté par toutes les sorties sauf l'$i^{ème}$ et par toutes les entrées (voir figure I.10).

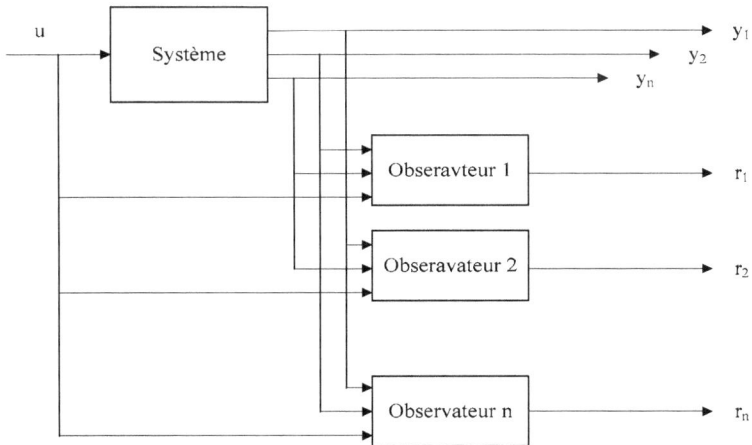

Figure I. 10 Structure (GOS) des observateurs.

III.2. Etude des défauts affectant la MADA

Les machines électriques assument la responsabilité de fournir l'énergie électrique, dont le rendement est directement lié aux bénéfices économiques qui en découlent.

Multiples types de défauts peuvent toucher les entrainements électriques. Ils peuvent être éventuels ou imprévus, mécaniques qui peuvent apparaître au niveau des roulements ou électriques, apparaissant soit au niveau des circuits électriques statoriques soit au niveau des circuits électriques rotoriques. Il est alors indispensable de pouvoir garantir la sûreté et le bon fonctionnement de ces équipements.

En tant que moteur, les défauts de la MADA au niveau des convertisseurs (court-circuit d'un ou plusieurs interrupteurs de puissance, non fermeture d'interrupteurs, …etc.) ou au niveau des capteurs, sont similaires à ceux affectant la machine à cage. [4]

Les différents types de défaillance peuvent être classés en trois catégories ; les défauts au sein de la machine, les défauts des capteurs et les défauts au niveau de l'onduleur.

III.2.1. Défauts de la machine

Les défauts de la machine peuvent être classés en défauts mécaniques, électriques et thermiques

- Les défauts mécaniques

Ils peuvent affecter le stator, le rotor ou peuvent être des défauts de roulement.

Les défauts de roulement, qui affectent généralement les machines de forte puissance, sous l'effet d'une fatigue mécanique, corrosion ou problème de graissage, se manifestent dans l'usure des roulements comme les billes cassées, la bague interne ou externe déformée, la cage endommagée.

Les défauts peuvent être également d'ordre géométrique. On les constate alors dans la forme ovale du stator, les ruptures de barres ou de portions d'anneaux résultant de la flexion du rotor, l'excentricité de ce dernier ou encore dans le désalignement de l'arbre ou sa flexion [23] et [24].

- Défauts électriques

Ils sont généralement les défauts de court-circuit qui sont à cause des vibrations, corrosion, contraintes thermiques, vieillissement des isolants. Ils peuvent être entre phases, ou entre spires.

- Défauts thermiques

Ils sont reliés, généralement, à la surchauffe du moteur.

III.2.2. Défauts au niveau de l'onduleur ou défaut d'actionneur

Plusieurs types de défauts peuvent se produire au niveau de l'onduleur. Le défaut de court-circuit et le défaut du circuit ouvert sont les deux types de défauts les plus fréquents.

- Défaut de court-circuit

Le défaut de court-circuit d'un ou de plusieurs IGBTs (symétrique ou non) est le résultat de la fermeture d'un des composants d'une cellule de commutation. Il survient suite à un dépassement de température critique, à des variations importantes de tension, à des surintensités ou surtension, ou encore suite à un défaut au niveau de l'onduleur lui-même. Dans ce cas, les courants de phases sont fortement variables. Ce défaut comporte des risques pour l'ensemble de l'entraînement électrique. Il peut provoquer l'arrêt immédiat de la machine. Ce défaut peut être aussi la cause d'un dysfonctionnement au niveau de la commande.

- Défaut du circuit ouvert

Le défaut du circuit ouvert se produit lorsqu'une cellule de commutation (transistor) d'un bras du convertisseur reste continuellement ouverte. Il est le résultat d'un défaut thermique ou d'une perte d'alimentation [25] et [26].
Ainsi, le défaut du circuit ouvert perturbe le fonctionnement de la machine sans l'empêche de se poursuivre, avec un risque de destruction moindre mais dans un mode dégradé. En présence de ce type de défaut, le démarrage de la machine électrique est généralement risqué.

III.2.3. Défauts des capteurs

La détection et l'isolation des défauts des capteurs est une nécessité pour l'élaboration d'une loi de commande basée sur les informations provenant des mesures issues des capteurs, ou pour la surveillance et la protection de la machine.

Dans le cas des mesures des différentes grandeurs de la machine, plusieurs capteurs électriques et mécaniques usuels existent, tels que les capteurs des courants de ligne, le capteur de tension du bus continu et le capteur mécanique pour la mesure de vitesse [27] et [31].

A. Les capteurs électriques

Les types des capteurs pour la mesure du courant sont multiples, on distingue les shunts, les sondes à effet Hall et les enroulements de Rogowski avec ou sans intégrateur.

Le capteur de type shunt permet de délivrer une tension lors de la mesure du courant, en se basant sur la loi d'Ohm, alors que les fonctionnements des autres capteurs se basent sur l'existence d'un champ électromagnétique, rayonné par un conducteur électrique.

- **Capteur à effet Hall**

Le capteur à effet Hall permet de générer une tension électrique qui apparait sur les faces latérales d'un barreau conducteur, ou semi-conducteur, lorsqu'il est parcouru par le courant à mesurer I, et soumis à un champ magnétique B d'orientation perpendiculaire au sens du courant, comme l'indique la figure I.11.

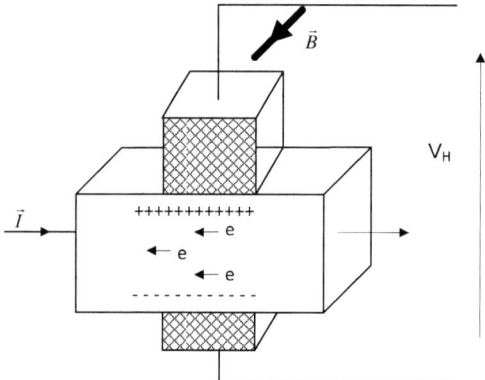

Figure I.11 Principe d'un capteur à effet Hall

Cette tension, qui est directement proportionnelle au champ magnétique et au courant circulant dans le barreau, est appelée "tension de Hall" [27].

Ainsi, le capteur à effet Hall permet d'accéder au courant, au champ et à toute autre grandeur physique en relation, telle que la position, le déplacement, etc.

Ce type de capteurs a plusieurs avantages. Il est principalement fiable, en termes de coût et de simplicité. Il permet de générer une large gamme de mesures [28]. Cependant, il a aussi des inconvénients, comme le grand effet de la température sur le mouvement des électrons ainsi que la sensibilité aux variations thermiques.

B. Les capteurs mécaniques

Les capteurs mécaniques sont en général utilisés pour la mesure de la vitesse, comme le codeur incrémental et le circuit de comptage, ou encore le résolveur et le démodulateur numérique.

- Codeur incrémental

Un codeur incrémental est un disque attaché mécaniquement au rotor de la MADA, à l'aide d'un arbre. Ce disque comporte des pistes ou fenêtres à intervalles réguliers. En général, il y a deux pistes déphasées (canal A et B) comme le montre le figure (I.12), et une piste qui contient un seul trou (Tp0).

Les voies A et B sont une série de 0 et 1. En comptant les impulsions consécutives délivrées, le codage se fait en déterminant la position angulaire, et par suite, la vitesse de rotation de la machine, quand on ajoute à cette interface de comptage, une base de temps.

Le sens de rotation de la machine est déterminé selon le décalage entre les deux voies. Le Tp0 permet à chaque tour l'initialisation en cas de raté.

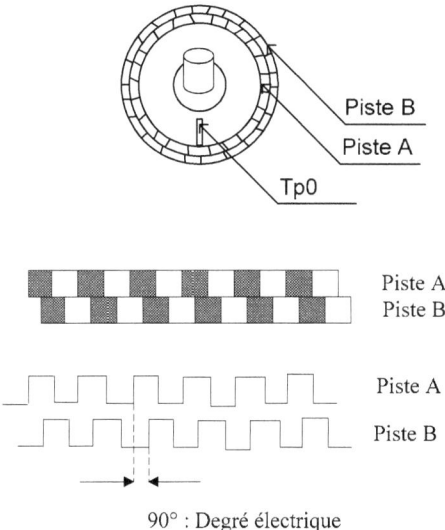

Figure I. 12 Pistes A et B sur le disque.

De nombreux travaux de recherche se sont intéressés à l'étude des défauts capteurs au niveau des machines électriques.

À cause du vieillissement naturel du capteur, des vibrations, de la corrosion ou du vieillissement des soudures ou des contacts, plusieurs défauts peuvent apparaitre au niveau des capteurs de courant, tels que les erreurs de gain et d'offset.

Les différents défauts susceptibles de se produire au niveau de ces capteurs mécaniques, et qui sont responsables de l'existence d'erreurs de mesure, ou dans certains cas de la destruction ou du désaccouplement du capteur, sont les conséquences de l'effet des vibrations, des contraintes thermiques ou de la corrosion.

IV. Synthèse et Positionnement de l'étude

Les parties précédentes ont présenté deux approches d'étude bibliographique en ce qui concerne la machine asynchrone à double alimentation.

La première approche a porté sur l'étude des domaines d'application de la MADA, selon ses deux configurations. Pour la première configuration, le stator de la machine est connecté au réseau, et un convertisseur est lié au rotor. Tandis que pour la deuxième configuration, la MADA est connectée à deux convertisseurs, l'un lié au stator, et l'autre est lié au rotor. La machine est exploitée dans les deux modes de fonctionnement, que ce soit en mode générateur ou en mode moteur. Il est alors légitime de se poser la question du choix de la configuration. Chacune de ces configurations a ses propres avantages et inconvénients. Après comparaison, nous avons fixé notre choix sur la configuration la plus simple, où la machine est pilotée par un onduleur connecté au rotor et un stator connecté à un réseau à fréquence et à tension constante. Cette solution permet de réduire fortement la puissance du convertisseur et vise des applications nécessitant une variation de vitesse de rotation.

La deuxième approche analysée dans cette recherche bibliographique, après consultation d'un grand nombre d'études et de travaux menés sur les machines électriques, c'est l'étude de la sûreté de fonctionnement. Nombreux sont les travaux de recherche qui s'intéressent à l'étude du diagnostic et de la détection des défauts de la machine à double alimentation. Différents types de défauts sont discutés, et plusieurs stratégies et méthodes de surveillance sont employées. Les différents types de défauts affectant la machine peuvent être classés en « défauts capteurs » comme les capteurs de vitesse ou de courants, « défauts actionneur » comme ceux qui se produisent au niveau du convertisseur lié à l'enroulement de la machine, ou « défauts système » qui concernent les différents types de défauts qui se produisent à l'intérieur de la machine.

La plupart des défauts rotoriques se traduisent par l'apparition de fréquences directement liées à la vitesse de rotation [20], La détection et l'isolation des différents défauts, capteurs et actionneurs exigent l'existence de capteurs de courant et de vitesse.

Nous allons orienter notre étude maintenant sur la détection et la localisation des défauts capteurs et actionneurs susceptibles d'affecter le système d'une machine asynchrone doublement alimentée (MADA), fonctionnant en mode moteur, et un onduleur de tension à MLI. La MADA est constituée d'un stator lié au réseau et d'un rotor connecté à l'onduleur.

Nous cherchons à proposer une stratégie robuste, basée sur les observateurs, pour le diagnostic de la machine à double alimentation, tout en exploitant l'état. Comme la machine est un système non linéaire complexe, sujet à plusieurs perturbations, l'issue devient équivoque. L'observateur devra non seulement être sensible aux défauts pour mener à bien le diagnostic, mais il doit être aussi robuste par rapport aux différents types de perturbations. Ainsi, remplacer l'unique système non linéaire observable par un modèle moins complexe, par exemple, un ensemble de modèles simples linéaires, autrement dit par un multimodèle, permet de faciliter la tâche du diagnostic des défauts.

Le travail alors aborde tout d'abord la modélisation de la machine asynchrone à double alimentation, tout en décrivant les différentes lois qui lient les différentes grandeurs de la machine, ensuite sera explorée la représentation de la MADA par l'approche multimodèle pour que nous pouvons par la suite développer la stratégie du diagnostic des défauts par l'approche multimodèle, en nous basant sur un multiobservateur de type PI, à entrées inconnues, appliqué à la représentation multimodèle à états découplés de la MADA.

V. Conclusion

Ce chapitre a été consacré à l'étude de l'état de l'art sur la MADA. Trois axes de recherche ont été explorés. Le premier s'intéresse aux fonctionnements de la MADA, en classifiant les différents travaux de recherche en deux catégories : ceux qui s'intéressent à la MADA reliée à deux convertisseurs, et ceux qui se placent dans le cadre d'une MADA avec un seul convertisseur, connecté au rotor, le stator étant connecté au réseau. Différents types de convertisseurs ainsi que différents modes de fonctionnement de la machine, que ce soit l'application en mode moteur ou en mode générateur ont été traités par les différents travaux de recherche cités. La première configuration est exploitée essentiellement par les applications en mode générateur, essentiellement dans les domaines de l'énergie éolienne. Nous l'exploiterons ultérieurement dans l'application en mode moteur, pour sa simplicité et dans la mesure où elle permet une application facile des méthodes de diagnostic par approche multimodèle.

Le deuxième centre d'intérêt dans ce balayage étude bibliographique concerne l'étude menée sur la sûreté des fonctionnements où les différents travaux de recherche réalisés traitent des différents types de défauts qui peuvent affecter la machine et les différentes stratégies de diagnostic employées pour la détection et l'isolation de ces défauts qui menacent le bon fonctionnement de la MADA.

Dans la suite, notre étude se base sur l'approche multi-modèle, et en particulier son exploitation dans le domaine du diagnostic basé sur l'exploitation des multiobservateurs.

Une implémentation facile et efficace de cette approche sur la machine à double alimentation exige un modèle adéquat et efficace. Dans ce contexte, le deuxième chapitre s'intéressera à la modélisation multi-modèle de la MADA.

Chapitre II
Modélisation classique et multi-modèle de la machine asynchrone doublement alimentée

Modélisation classique et multi-modèle de la machine asynchrone doublement alimentée

I. Introduction

La connaissance d'un modèle mathématique, décrivant la dynamique du système étudié, est une étape fondamentale et préalable à la mise en place d'un système de surveillance et de diagnostic.

Pour faire face à la complexité croissante des systèmes dynamiques non-linéaires, dans de nombreux domaines scientifiques et en ingénierie, ce qui représente un obstacle à l'identification, à la commande ou au diagnostic des défauts, de nombreuses techniques de simplification ont été développées au cours de ces dernières années.
Parmi les solutions avancées, l'approche multi-modèle constitue une alternative très intéressante et un outil très adopté actuellement pour la modélisation des systèmes non linéaires.

Dans un premier temps, nous débuterons par la description générale des caractéristiques de la machine, ainsi que son principe de fonctionnement, par un ensemble d'équations mathématiques, exprimées dans un repère triphasé. Ensuite, en appliquant la transformation de Park, les différentes grandeurs électriques et mécaniques de la machine seront exprimées dans un repère diphasé (d-q) tournant à la vitesse de rotation du champ tournant. Dans une troisième partie, nous appliquerons l'approche multimodèle pour la modélisation de la machine asynchrone à double alimentation, connectée à un onduleur à MLI.

II. Modélisation classique de la MADA

La machine asynchrone à double alimentation se compose principalement de deux parties : stator et rotor. Le stator est identique à celui de la machine asynchrone à cage. Tandis que, les enroulements rotoriques sont analogues à ceux du stator.
Nous nous proposons dans cette partie de modéliser la MADA dans les deux repères (abc) : triphasé et diphasé (dq) [1] et [29].

II.1. Modèle triphasé réel

Les enroulements statoriques et rotoriques de la machine asynchrone à double alimentation peuvent être schématiquement représentés dans le repère triphasé par la figure (II.1).

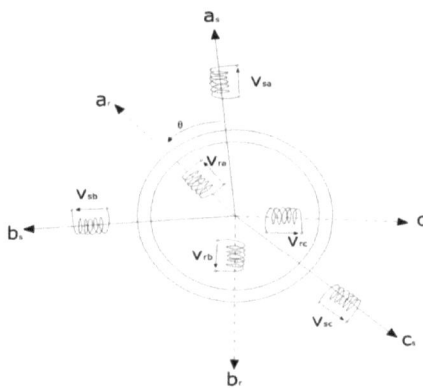

Figure II. 1 Représentation de la MADA dans le repère triphasé.

Nous nous proposons également de déterminer le modèle de la machine à trois phases dans le repère triphasé (abc) (figure(II.1)). Le modèle est décrit en équations électriques, électromagnétiques et mécaniques.

a. Les équations électriques

Les expressions des tensions statoriques et rotoriques, en fonction des différentes grandeurs de courant et de flux sont données, respectivement, par les expressions (II.1) et (II.2).

- Equations des tensions statoriques

$$\begin{bmatrix} V_{as} \\ V_{bs} \\ V_{cs} \end{bmatrix} = R_{abcs} \begin{bmatrix} i_{as} \\ i_{bs} \\ i_{cs} \end{bmatrix} + \frac{d}{dt} \begin{bmatrix} \varphi_{as} \\ \varphi_{bs} \\ \varphi_{cs} \end{bmatrix}$$

(II.1)

- Equations des tensions rotoriques

$$\begin{bmatrix} V_{ar} \\ V_{br} \\ V_{cr} \end{bmatrix} = R_{abcr} \begin{bmatrix} i_{ar} \\ i_{br} \\ i_{cr} \end{bmatrix} + \frac{d}{dt} \begin{bmatrix} \varphi_{ar} \\ \varphi_{br} \\ \varphi_{cr} \end{bmatrix}$$ (II.2)

Avec :

$R_{abcs} = \begin{bmatrix} R_s & 0 & 0 \\ 0 & R_s & 0 \\ 0 & 0 & R_s \end{bmatrix}$: Matrice de résistance statorique.

$R_{abcr} = \begin{bmatrix} R_r & 0 & 0 \\ 0 & R_r & 0 \\ 0 & 0 & R_r \end{bmatrix}$: Matrice de résistance rotorique.

b. Equations magnétiques

Les flux dans la machine à double alimentation sont linéairement dépendants des courants. Les différentes relations liant les flux aux courants rotorique et statorique sont exprimées par la relation (II.3).

$$\begin{bmatrix} \varphi_{sabc} \\ \varphi_{rabc} \end{bmatrix} = \begin{bmatrix} [L_{sabc}] & [M_{srabc}] \\ [M_{srabc}] & [L_{rabc}] \end{bmatrix} \begin{bmatrix} i_{sabc} \\ i_{rabc} \end{bmatrix}$$ (II.3)

Avec

$L_{sabc} = \begin{bmatrix} L_s & M_s & M_s \\ M_s & L_s & M_s \\ M_s & M_s & L_s \end{bmatrix}$: Matrice d'inductance statorique.

$L_{rabc} = \begin{bmatrix} L_r & M_r & M_r \\ M_r & L_r & M_r \\ M_r & M_r & L_r \end{bmatrix}$: Matrice d'inductance rotorique.

$$M_{srabc} = M_{sr} \begin{bmatrix} \cos(p\theta) & \cos\left(p\theta - \frac{2\pi}{3}\right) & \cos\left(p\theta - \frac{4\pi}{3}\right) \\ \cos\left(p\theta - \frac{4\pi}{3}\right) & \cos(p\theta) & \cos\left(p\theta - \frac{2\pi}{3}\right) \\ \cos\left(p\theta - \frac{2\pi}{3}\right) & \cos\left(p\theta - \frac{4\pi}{3}\right) & \cos(p\theta) \end{bmatrix}$$ (II.4)

c. **Equation mécanique**

Le comportement mécanique au sein de la MADA est décrit par l'équation (II.5).

$$J\frac{d\Omega}{dt} = C_{em} - C_r - f\Omega \tag{II.5}$$

Sachant que $w = N_p\Omega$ la relation mécanique est réécrite sous la forme (II.6).

$$\frac{dw}{dt} = \frac{N_p}{J}C_{em} - \frac{N_p}{J}C_r - \frac{f}{J}w \tag{II.6}$$

II.2. Modèle équivalent

La modélisation de la machine dans le repère diphasé (d,q) consiste à exprimer les équations qui relient les différents variables réelles, symétriques, représentant la machine dans le repère triphasé, en se basant sur une projection des trois phases de la machine sur un repère diphasé orthogonal [2]-[3] et [29].

La transformation du repère (abc) triphasé, dans le repère tournant (d,q) est réalisée en utilisant la transformation de Park. Elle consiste à utiliser la matrice de passage [T(β)], exprimée dans la relation (II.7) [30].

$$[T(\beta)] = \frac{2}{3}\begin{bmatrix} \cos(\beta) & \cos\left(\beta - \frac{2\pi}{3}\right) & \cos\left(\beta - \frac{4\pi}{3}\right) \\ -\sin(\beta) & -\sin\left(\beta - \frac{2\pi}{3}\right) & -\sin\left(\beta - \frac{4\pi}{3}\right) \\ \frac{1}{2} & \frac{1}{2} & \frac{1}{2} \end{bmatrix} \tag{II.7}$$

Les variables triphasées dans un repère (abc) sont rapportées dans le repère tournant (dq) selon la relation (II.8).

$$\left[x_{dqo}\right] = \left[T(\beta)\right]\left[x_{abc}\right] \tag{II.8}$$

β est remplacée par Θ_s pour les grandeurs statoriques et par Θ_r pour les grandeurs rotoriques.

Le modèle de la machine dans le repère biphasé est ainsi déterminé en appliquant la transformation de Park sur les équations (II.1) - (II.6).

Sachant que les grandeurs électriques sont équilibrées, la composante homopolaire x_o est nulle. La transformation des équations des tensions rotoriques et statoriques (II.1) et (II.2) permet d'aboutir aux équations définies dans le repère (dq) par les relations (II.9).

$$\begin{cases} V_{sd} = R_s i_{sd} + \dfrac{d\phi_{sd}}{dt} - w_s \phi_{sq} \\ V_{sq} = R_s i_{sq} + \dfrac{d\phi_{sq}}{dt} + w_s \phi_{sd} \\ V_{rd} = R_r i_{rd} + \dfrac{d\phi_{rd}}{dt} - w_r \phi_{rq} \\ V_{rq} = R_r i_{rq} + \dfrac{d\phi_{rq}}{dt} + w_r \phi_{rd} \end{cases} \qquad (II.9)$$

Les équations liant les différents courants i_{sd}, i_{sq}, i_{rd} et i_{rq} aux flux statoriques et rotoriques φ_{sd}, φ_{sq}, φ_{rd} et φ_{rq} qui interagissent dans la machine, sont exprimées dans (II.10).

$$\begin{cases} \phi_{sd} = L_s i_{sd} + M_{sr} i_{rd} \\ \phi_{sq} = L_s i_{sq} + M_{sr} i_{rq} \\ \phi_{rd} = L_r i_{rd} + M_{sr} i_{sd} \\ \phi_{rq} = L_r i_{rq} + M_{sr} i_{sq} \end{cases} \qquad (II.10)$$

L'équation mécanique reliant le couple à la vitesse de rotation peut être exprimée par la relation (II.11).

$$C_{em} = \dfrac{3}{2} N_p M_{sr} (I_{sq} I_{rd} - I_{sd} I_{rq}) \qquad (II.11)$$

On peut constater les non-linéarités et les couplages dans les expressions des différentes équations qui relient les différentes grandeurs statoriques et rotoriques de la MADA.

La MADA étant reliée à un onduleur à MLI, connecté aux enroulements rotoriques, une modélisation de ce convertisseur nous semble indispensable.

III. Modélisation et commande MLI de l'onduleur alimentant les enroulements rotoriques de la MADA

III.1. Modélisation de l'onduleur

Un onduleur est un convertisseur statique continu-alternatif. Son rôle est la génération d'une source de tension alternative à partir d'une source de tension continue. Il sert à l'alimentation du rotor de la machine à double alimentation. Celui-ci peut être contrôlable par action simultanée sur la fréquence et l'amplitude de tension. Par suite, il permet le réglage automatique de la vitesse de la machine. Le schéma électrique de la structure de l'onduleur à IGBT à deux niveaux est présenté par la figure (II.2).

L'onduleur comporte trois bras indépendants dont chacun est composé de deux interrupteurs. Chaque interrupteur comprend un transistor IGBT et une diode à roue libre, supposée idéal, montée en antiparallèle, pour protéger le transistor [31] et [32].

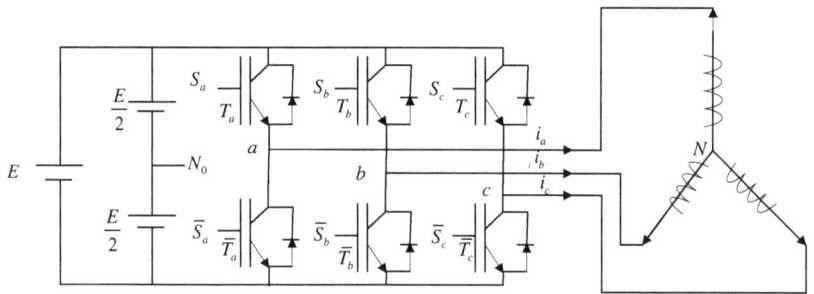

Figure II.2 Onduleur à IGBT lié aux enroulements rotoriques.

On note $S_{a,b,c}$ les signaux de commande de l'onduleur définis par :
- $S_i = 1$ alors le transistor T_i est passant (fermé) et $\overline{T_i}$ est bloqué.
- $S_i = 0$ alors le transistor T_i est bloqué (ouvert) et $\overline{T_i}$ est passant.

Avec $i = a, b,$ ou c.

On a alors les tensions définies par (II.12).

$$\begin{cases} V_aN_0 = S_a.E - \dfrac{E}{2} \\ V_bN_0 = S_b.E - \dfrac{E}{2} \\ V_cN_0 = S_c.E - \dfrac{E}{2} \end{cases} \qquad (II.12)$$

On note :

$$\begin{cases} V_aN = V_a \\ V_bN = V_b \\ V_cN = V_c \end{cases} \qquad (II.13)$$

De plus, la loi de maille permet de donner les équations (II.14).

$$\begin{cases} V_aN_0 - V_bN_0 = V_a - V_b \\ V_bN_0 - V_cN_0 = V_b - V_c \\ V_cN_0 - V_aN_0 = V_c - V_a \end{cases} \qquad (II.14)$$

Les tensions V_a, V_b et V_c peuvent être exprimées par la relation matricielle (II.15).

$$\begin{bmatrix} V_a \\ V_b \\ V_c \end{bmatrix} = \dfrac{1}{3}\begin{bmatrix} 2 & -1 & -1 \\ -1 & 2 & -1 \\ -1 & -1 & 2 \end{bmatrix}\begin{bmatrix} V_{aN0} \\ V_{bN0} \\ V_{cN0} \end{bmatrix} \qquad (II.15)$$

La charge electrique etant équilibrée, en considerant la relation (II.12), on peut écrire la relation (II.16).

$$\begin{bmatrix} V_a \\ V_b \\ V_c \end{bmatrix} = \dfrac{E}{3}\begin{bmatrix} 2 & -1 & -1 \\ -1 & 2 & -1 \\ -1 & -1 & 2 \end{bmatrix}\begin{bmatrix} S_a \\ S_b \\ S_c \end{bmatrix} \qquad (II.16)$$

En fonction de l'état des interrupteurs S_a, S_b et S_c, on peut calculer les différentes combinaisons des vecteurs de tensions simples (V_a,V_b,V_c) (tableau (II.1)).

$[S_aS_bS_c]$	V_a	V_b	V_c
[0 0 0]	0	0	0
[1 0 0]	2E/3	- E/3	- E/3
[1 1 0]	E/3	E/3	-2E/3
[0 1 0]	- E/3	2E/3	- E/3
[0 1 1]	-2E/3	E/3	E/3
[0 0 1]	-E/3	-E/3	2E/3
[1 0 1]	E/3	-2E/3	E/3
[1 1 1]	0	0	0

Table II.1. Niveaux des tensions simples en sortie d'un onduleur de tension à 2 niveaux.

III.2. Stratégie de commande par MLI Sinus-Triangle

La technique de commande MLI permet de générer des tensions très riches en harmoniques. Elle repose sur la comparaison d'un signal de référence, appelé "modulante" avec un signal de tension de modulation de haute fréquence, appelé "porteuse". Le calcul des intersections des ondes des deux signaux permet de déterminer les instants de fermeture et d'ouverture des interrupteurs de l'onduleur. Il existe plusieurs types de commandes MLI. Nous nous proposons maintenant d'appliquer aux bornes de l'onduleur alimentant les enroulements rotoriques de la MADA, la commande MLI sinus triangle, dont le signal de référence est un signal sinusoïdal, sachant que le signal "porteuse" est un signal triangulaire [31] et [32].

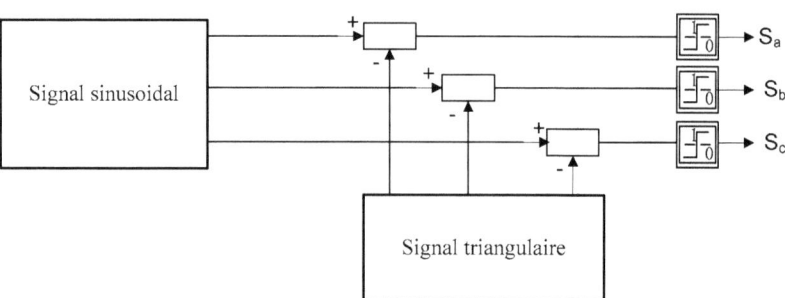

Figure II. 3 Principe de la commande MLI.

IV. Commande scalaire de la MADA

La modélisation par approche multimodèle, nécessite l'acquisition de la base des données des entrées/sorties de la machine asynchrone à double alimentation. Pour une application en fonctionnement moteur et vu la simplicité de son implémentation, la commande scalaire est suffisante. Son principe est d'agir sur le rapport V/f pour le garder constant afin de maintenir le flux constant. Pour cela, nous appliquerons un contrôle scalaire simple aux bornes de l'onduleur à MLI (PWM) dont on peut facilement ajuster la fréquence rotorique. Le principe de contrôle proposé est donné par la figure (II.4) [33].

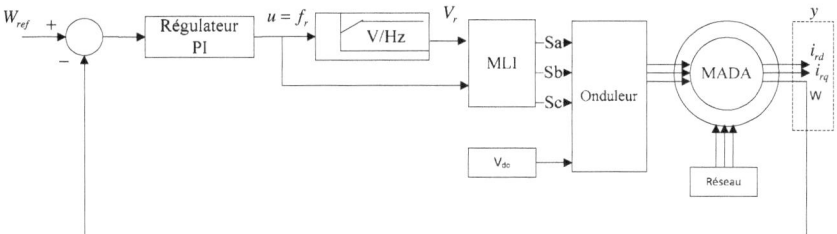

Figure II. 4 Principe de contrôle scalaire appliqué à la machine asynchrone à double alimentation.

Ce type de contrôle est proposé pour faciliter l'acquisition des données de la machine asynchrone. Les gains de PI sont ajustés pour le réglage de la vitesse.

V. Modélisation par approche multimodèle

V.1. Généralités sur l'approche multi-modèle

Le principe de cette approche, inspirée de la représentation floue, utilisant le principe selon lequel il faut diviser afin de régner, consiste à décrire le comportement dynamique d'un système non linéaire, par un ensemble de sous modèles, ou modèles locaux, souvent linéaires, caractérisant le comportement du système dans différentes zones de fonctionnement, tout en décomposant son espace de fonctionnement en un nombre fini de zones de fonctionnement. La motivation de cette décomposition découle du constat qu'il est souvent difficile d'élaborer un modèle global, susceptible de rendre compte de toutes les particularités et de toute la complexité d'un système [34] et [35].

D'une manière générale, on peut représenter un multi-modèle y_m par une combinaison de N sous modèles pondérés par des fonctions de validité. Chaque sous-modèle contribue à cette représentation globale par l'intermédiaire d'une fonction de pondération à valeurs dans l'intervalle [0, 1].

$$y_m = \sum_{i=1}^{N} V_i(k) y_i(k) \tag{II.17}$$

Avec y_i est la sortie de chaque sous modèle généralement de structure simple et linéaire et/ou affine. V_i est la fonction de pondération définissant la contribution de chaque sous modèle à la représentation globale approximative du système. Selon la zone où évolue le système, cette fonction indique la contribution, plus ou moins importante, du modèle local correspondant à la représentation du modèle global (multimodèle). Elle assure un passage progressif de ce modèle aux modèles locaux voisins. Ces fonctions peuvent être construites à partir de plusieurs approches. Tel que dont l'approche géométrique, de probabilité ou de résidu. En général, elles peuvent être de forme triangulaire, sigmoïdale ou gaussienne et doivent satisfaire aux conditions (II.18).

$$\begin{cases} \sum V_i = 1 \\ 0 \leq V_i \leq 1 \end{cases} \tag{II.18}$$

Un choix judicieux de la structure des sous modèles et des fonctions validité V_i permet, en théorie, d'approcher, avec une précision imposée, n'importe quel comportement non linéaire dans un large domaine de fonctionnement.

Dans le cas des modèles commutant, les fonctions de pondération sont des fonctions booléennes pouvant prendre seulement 0 ou 1; 1, dans le cas où le sous modèle est valide, et 0, dans le cas contraire, de telle façon qu'à chaque instant, un seul modèle est valide. Ce cas ne constitue pas le sujet de ce travail.

V.1.1. Structure du multi-modèle

Selon la nature de couplage entre les modèles locaux, on peut distinguer deux principales structures de multimodèle : structure à états couplés et structure à états découplés.

a. Structure couplée

Pour ce type de structure souvent appelé « multimodèle de Takagi-Sugeno », la représentation générale du système est obtenue par interpolation d'un ensemble de sous modèles qui dépendent les uns des autres et partagent un vecteur d'état unique [35]. La sortie du système global est un mélange des paramètres des sous modèles :

$$\begin{cases} \dot{x}(t) = \sum_{i=1}^{N} V_i (A_i x(t) + B_i u(t)) \\ y(t) = \sum_{i=1}^{N} (V_i C_i) x(t) \end{cases} \qquad (II.19)$$

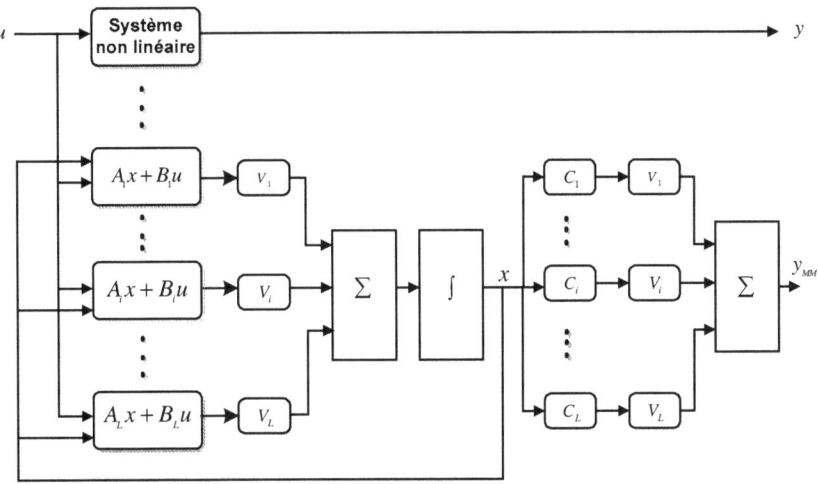

Figure II. 5 Architecture d'un multi- modèle à modèles locaux couplés.

b. Structure découplée

La différence entre cette structure et celle couplée, réside dans le fait que, pour cette structure, chaque modèle local est indépendant de tous les autres, et la sortie globale du multimodèle est la somme pondérée des sorties des sous modèles. En effet, l'espace d'état de chaque sous modèle est indépendant, et son ordre peut être différent des autres.

$$\begin{cases} \dot{x}_i(t) = A_i x_i(t) + B_i u(t) \ , \ i=1..L \\ y(t) = \sum_{i=1}^{L} V_i C_i x_i(t) \end{cases} \qquad (II.20)$$

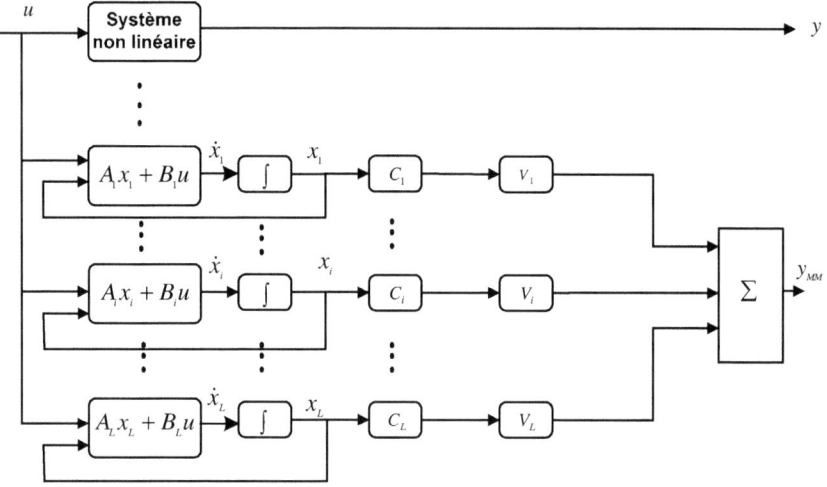

Figure II. 6 Architecture d'un multi-modèle à modèles locaux découplés.

Les fonctions V_i, dans ce cas, sont les contributions des sorties de chaque sous modèle à la formation du modèle global, sans mélanger les paramètres des sous modèles A_i, B_i, D_i et C_i.

V.2. Principe de la modélisation par l'approche multi-modèle

V.2.1 Stratégie de construction des modèles locaux

Le principe général de l'approche multi-modèle est de représenter le système non linéaire sous forme d'une combinaison de contributions relative à un ensemble de sous modèles, par l'intermédiaire d'une fonction de pondération. Chaque modèle local est un système dynamique valide, dans une zone de fonctionnement. La tâche de modélisation par approche multimodèle nécessite la recherche des sous modèles, ainsi que les fonctions de pondération.

Plusieurs méthodes nous permettent d'obtenir les sous modèles. Si les mesures des entrées et sorties du système sont disponibles, on peut procéder par identification, en cherchant ou en imposant la structure du multimodèle. Ensuite, On identifie chaque sous modèle par les algorithmes d'identification paramétriques et structurels classiques. En revanche, si l'on dispose d'un modèle non linéaire explicite, que l'on souhaite "simplifier", ou rendre plus manipulable, on pourra procéder par linéarisation autour des différents points du fonctionnement. Pour avoir une grande précision dans l'approximation du modèle global par ses divers sous modèles, il suffit d'ajuster leur nombre, ainsi que les expressions des différentes fonctions de pondération utilisées [36]-[38].

En disposant d'une base de données riche d'entrée/ sorties, collectées sur le système réel, il est alors indispensable de choisir la méthode d'identification pour la détermination d'une base de modèles, servant à construire le multimodèle.

Dans ce contexte, nous allons développer une procédure systématique de la description d'un système non-linéaire, sous une représentation multi-modèle.

La détermination d'une base de modèles simples est une étape fondamentale dans la construction d'un multimodèle. Plusieurs méthodes ont été proposées pour réaliser cette tâche, telle que l'approche algébrique de kharitonov pour les systèmes incertains [39]. D'autres méthodes visent à décomposer l'espace de fonctionnement du processus à modéliser en plusieurs zones de fonctionnement et à associer à chaque zone un modèle.

Couramment, une stratégie de quatre problèmes à résoudre est envisagée pour la conception d'un multimodèle (figure (II.7)).

La première tâche consiste à l'acquisition d'une base de données issue du système réel. Ensuite, dans une deuxième tâche, il s'agit de décomposer l'ensemble des données en N classes. Cette tâche est réalisée par l'intermédiaire d'un algorithme de segmentation ou de classification en plusieurs classes.

La troisième tâche retient la recherche des sous modèles. Différents algorithmes d'optimisation et d'identification paramétrique existent dans la littérature et servent à résoudre ce problème [40].

Finalement, la quatrième tâche consiste à combiner les sous modèles pour obtenir la sortie globale par fusion des différents sous modèles.

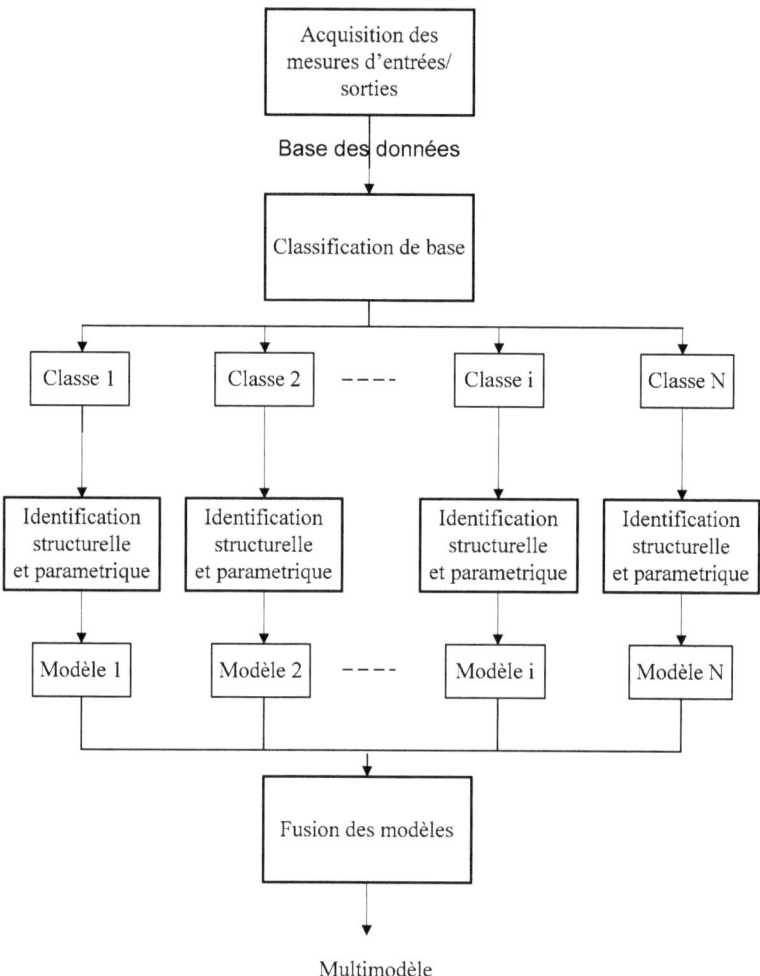

Figure II. 7 Principe de modélisation par approche multi-modèle.

Dans la suite, nous développerons les étapes fondant la stratégie de modélisation, adoptée d'une façon séquentielle.

V.2.2. Classification

La décomposition du comportement dynamique du système non linéaire en N zones de fonctionnement, est réalisée par une segmentation ou classification d'une base de données numériques, acquises suite à une série de mesures des signaux d'entrées/sorties du processus réel.

La classification comporte des techniques de synthèse d'un grand nombre de données. Avec l'accroissement actuel des bases de données, on conçoit le regain d'intérêt pour ces techniques, et parallèlement, le soin que les informaticiens mettent à bien traiter le problème.

Les résultats de classifications sont obtenus au terme d'une série d'algorithmes simples et répétitifs. Les classes obtenues, résultant de l'application de ces algorithmes de classification ou de segmentation, sont souvent faciles à décrire et à caractériser.

Le problème de classification s'articule autour de deux variantes : approche supervisée et approche non supervisée.

Pour la première approche, on connaît les classes d'avance, et l'on dispose d'un ensemble d'objets déjà classés. Le but de cette approche est d'associer à toute nouvelle donnée sa classe la plus adaptée, en se servant des exemples déjà étiquetés [41].

Pour la seconde approche, les classes possibles ne sont pas connues d'avance et les exemples disponibles ne sont pas classés : on ne dispose que d'un ensemble de données numériques. Le but est donc de distribuer ces données sur un nombre fini de groupes ou classes, selon un critère commun, bien défini.

Dans la suite, le type de classification qui sera adopté est celui de non supervisée, qui ne requiert qu'un fichier de mesures d'entrées/sorties acquises du procédé réel.

A. Classification non supervisée

La classification non supervisée consiste à regrouper, dans un même groupe (ou cluster), les données considérées comme similaires, pour constituer les classes. Typiquement, la similarité entre les données est estimée selon une fonction calculant la distance entre ces données. Une fois cette fonction distance définie, la tâche de segmentation de la base des données consiste à réduire au maximum la distance entre les éléments d'un même groupe.

De nombreux algorithmes de classification non supervisée ou " clustering " peuvent être envisagés : hiérarchique, par partition, statistique, flou, par réseaux de neurones, par algorithmes génétiques et classification par recherche Tabou [42]- [46].

Cependant, quelques difficultés apparaissent lors de la classification non supervisée. Premièrement, lorsqu'on tient compte du fait que certains attributs composant les données ont plus ou moins d'importance dans la construction de certains clusters ; deuxièmement, lorsqu'on a à faire à de larges bases de données qui exigent la complexité de l'algorithme envisagé. En effet, typiquement, ces algorithmes calculent les distances entre les points des données, deux à deux. La complexité de l'algorithme est alors proportionnelle au nombre de données en entrée.

Pour la classification des données de la machine en vue d'estimer les classes de multi-modèle, nous nous pencherons dans ce qui suit sur trois méthodes de classification, actuellement utilisées, à savoir : la méthode de classification de Chiu, la méthode de classification floue C-means et la méthode K-means.

B. Description de la méthode de classification de Chiu

Considérant une série de données acquises du système, après excitation par une entrée variable (riche en fréquences) soit $\{y_1, y_2, y_3,..., y_n\}$. Pour chaque donnée, on associe un potentiel défini par (II.21) [46] et [47].

$$p_i = \sum_{j=1}^{n} e^{-\alpha \|y_i - y_j\|^2} \tag{II.21}$$

Avec, α peut être estimé par :

$$\alpha = 4 / r_a^2 \tag{II.22}$$

Où r_a est une constante positive, définissant un rayon de voisinage : c'est la valeur maximale de la distance entre chaque paire de points, dans une même classe. Après le calcul du potentiel de chaque point de données, le point de données qui a le potentiel le plus haut est choisi comme le premier centre du groupe. Le centre d'une classe est alors le point de donnée qui a le plus grand nombre de points voisins.

On définit par y_1^* l'emplacement du premier centre du groupe et par P_1^* la valeur potentielle de ce centre. Ensuite, le potentiel de chaque donnée y_i change :

$$P_i \Leftarrow P_i - P_1^* e^{-\beta \|y_i - y_1^*\|^2} \tag{II.23}$$

$$\beta = 4 / r_b^2 \tag{II.24}$$

Où r_b est une constante positive définissant un rayon de voisinage qui a des réductions de potentiel mesurables. Pour éviter d'obtenir des centres de groupe étroitement situés, la relation entre r_b et r_a pourrait être évaluée par (II.25).

$$r_b = 1.5 r_a \tag{II.25}$$

Le deuxième centre du groupe est défini comme la valeur de potentiel la plus élevée, calculée par l'équation (II.26). En général, le centre de $k^{ième}$ groupe peut être obtenu par (II.26).

$$P_i \Leftarrow P_i - P_K^* e^{-\beta \|yi-y_k^*\|^2} \qquad (II.26)$$

Où y_k^* est l'emplacement du $k^{ième}$ centre et P_k^* sa valeur potentielle. Ce processus se répète jusqu'à :

$$P_k^* < \varepsilon P_1^*. \qquad (II.27)$$

ε est une petite fraction mais c'est un facteur important affectant les résultats. Si ε est trop grand, peu de points de données seront acceptés comme des centres de groupe. Par contre, si ε est une valeur trop petite, le nombre de centres de classe généré sera plus grand. Il est difficile de déterminer une seule valeur pour ε, et des critères supplémentaires sont développés pour accepter ou rejeter des centres de groupe.

- Si $P_k^* > \varepsilon P_1^*$ alors Accepter y_k^* comme un centre de $k^{ième}$ classe et continuer les itérations,
- Si $P_k^* < \varepsilon P_1^*$ refuser y_k^* et stopper l'algorithme.
- Sinon c'est-à-dire si $P_k^* = \varepsilon P_1^*$:

Soit d_{min} la valeur minimale des distances calculées entre y_k^* et tous les autres centres déterminés précédemment, alors:

- si $\dfrac{d_{min}}{r_a} + \dfrac{P_1^*}{P_k^*} \geq 1$ Accepter y_k^* comme un centre de $k^{ième}$ classe et continuer les itérations,
- sinon refuser y_k^* et mettre le potentiel y_k^* à zéro, choisir comme nouveau centre le point qui a le potentiel le plus élevé et continuer le processus.

Le nombre de sous modèles qui représente le modèle global est défini par le nombre de centres de classes trouvé.

Les données acquises en N groupes sont classées par l'association de chaque point de données à la classe dont le centre est le plus proche, en procédant comme suit :

- On mesure la distance entre chaque point des données et chaque centre, parmi les N centres trouvés :

$$\left\| y_i - y_k^* \right\| \tag{II.28}$$

Avec i= {1,.., n} et k= {1,.., N}

- Finalement, on range la donnée dans la classe dont la mesure calculée par l'équation (III.28) est la plus faible.

C. Description de la méthode de classification de K-means

L'algorithme de classification flou K-means est un algorithme de classification des données connu par ses performances et la rapidité de sa convergence.

Cet algorithme permet de regrouper un ensemble de vecteurs de données de dimension D, en un nombre prédéfini de classes, en se basant sur la distance euclidienne, comme critère de similarité. Au sein d'une classe, les distances euclidiennes entre les points des données sont minimales si on les compare aux distances entre les autres points des données dans les autres classes. Les données d'une même classe sont associées à un seul centre qui représente la valeur moyenne de ces données [48].

La classification par la méthode de K-means peut être résumée par l'algorithme suivant :

Etape1 : Initialiser les centres des classes c_i, i=1,..,c, c'est typiquement les choisir aléatoirement parmi tous les points de données.

Etape 2 : Déterminer la matrice d'adhésion U qui contient les degrés d'appartenances des différents points de données aux différents centres, par l'Équation (II.30).

Etape 3 : Calculer la fonction coût, selon l'équation (II.29). Arrêter, si sa valeur est inférieure à une certaine valeur de tolérance, ou, si son amélioration sur l'itération précédente est au-dessous d'un certain seuil.

Etape 4 : Mettre à jour les centres des groupes selon l'équation (II.31). Aller à l'étape 2

$$J = \sum_{i=1}^{c} J_i = \sum_{i=1}^{c} \left(\sum_{k, x_k \in G_i} \|x_k - c_i\|^2 \right) \tag{II.29}$$

$$u_{ij} = \begin{cases} 1 \; Si \, \|x_j - c_i\|^2 \leq \|x_j - c_k\|^2, k \neq i \\ 0 \; Sinon \end{cases} \tag{II.30}$$

$$c_i = \frac{1}{|G_i|} \sum_{k, x_k \in G_i} x_k \tag{II.31}$$

D. Description de la méthode de classification de C-means

C-means est un algorithme de classification des données, dont chaque point de donnée appartient à une classe selon un degré d'appartenance noté μ_{ik} [49] et [50].

Il s'agit de distribuer un ensemble de données de mesures en c groupes, et de trouver un centre de classe dans chaque groupe, tout en minimisant une fonction objectif J. Les étapes de l'algorithme sont détaillées dans la figure (II.8).

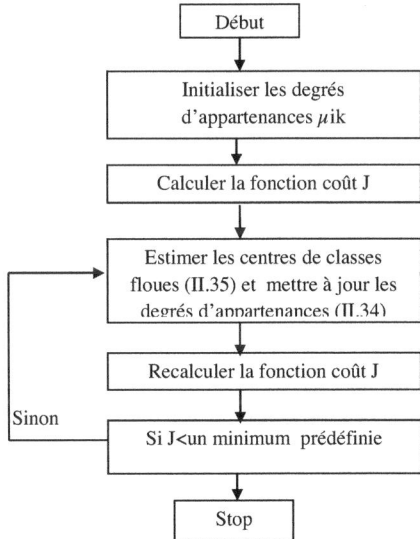

Figure II. 8 Algorithme de C-means.

Avec :

$$J = \sum_{i=1}^{c} J_i = \sum_{i=1}^{c} \sum_{k=1}^{N} \left(\mu_{ik}^g\right) d_{ik}^2 \qquad (II.32)$$

$$d_{ik} = \|x_k - c_i\| \qquad (II.33)$$

$$\mu_{ik} = \frac{1}{\sum_{j=1}^{c} \left(\dfrac{d_{ik}}{d_{jk}}\right)^{2/(g-1)}} \qquad (II.34)$$

$$c_i = \frac{\sum_{k=1}^{N} \left(\mu_{ik}\right)^g x_k}{\sum_{k=1}^{N} \left(\mu_{ik}\right)^g} \qquad (II.35)$$

Avec J : fonction coût,

d_{ik} : distance entre un point de données et un centre de classe,

c_i : centre de $i^{ème}$ classe,

μ_{ik} : degré d'appartenance d'un point de données à une classe.

Une fois l'ensemble fini de regroupements des données acquises construit via une série de mesures appliquée sur le système, passons maintenant au développement de la modélisation des ces classes pour obtenir un ensemble de sous modèles.

V.2.3. Identification des sous modèles

Disposant d'un ensemble de classes, notre objectif est d'identifier les modèles associés. Pour y arriver il est indispensable de passer par une identification structurelle, pour la détermination des ordres des sous modèles, ainsi que par une identification paramétrique [51].

A. Identification structurelle des sous modèles :

Il s'agit d'identifier l'ordre de chaque sous modèle. Deux approches de calcul de l'ordre peuvent être utilisées. La première approche consiste à utiliser la procédure générale de l'estimation de l'ordre, qui se base sur le critère de convergence de la sortie, estimée modélisée, vers la sortie réelle.

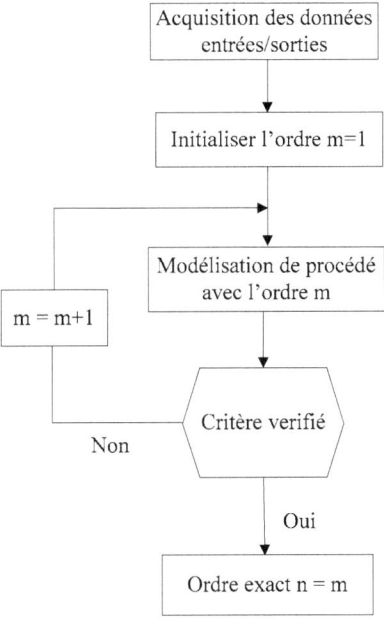

Figure II. 9 Procédure générale de l'estimation de l'ordre.

La deuxième approche repose sur l'utilisation du test du rapport des déterminants instrumentaux (RDI) qui consiste à calculer les deux matrices d'information Q_d et Q_{d+1} qui sont en fonction de l'ordre d, donné par la relation (II.36).

$$Qd = \frac{1}{n_h} * \sum_{k=1}^{n_h} [u(k)\ u(k+1)\ u(k-1) \cdots u(k-d+1)\ u(k+d)] \left[y(k+1)\ u(k+1) \ldots y(k+d)\ u(k+d) \right]^T \quad (II.36)$$

Puis, on calcule le rapport des déterminants des deux matrices par la formule (II.37).

$$RDI = \left| \frac{\det(Q_d)}{\det(Q_{d+1})} \right| \quad (II.37)$$

En variant d, l'ordre du système exact est identifié à l'ordre d, associé à la première augmentation rapide de ce rapport.

B. Identification paramétrique des sous modèles

Pour l'estimation des paramètres des sous modèles, plusieurs méthodes d'optimisation numérique peuvent être exploitées, selon les informations disponibles à priori, telles que la méthode du gradient, de Newton, de Gauss-Newton, de la spirale, etc. Ces méthodes sont généralement basées sur la minimisation d'une fonction de l'écart entre la sortie estimée $\hat{y}(t)$ et la sortie mesurée du système y(t). Le critère retenu est celui du moindre carré standard qui se base sur la minimisation de l'écart quadratique entre les deux sorties indiquées.

Dans la suite, nous utiliserons la méthode du moindre carrée récursive, dont l'objectif est d'estimer le vecteur des paramètres θ, à partir des mesures d'entrées/sorties du système.

On peut écrire un tel modèle linéaire sous la forme :

$$y(k) = \frac{B(q^{-1})}{A(q^{-1})} u(k-1) \tag{II.38}$$

Ou sous la forme récurrente décrite par (II.39).

$$y(k) = -a_1 \, y(k-1) - \cdots - a_n \, y(k-n) + b_1 \, u(k-1) + \cdots + b_m \, u(k-m) \tag{II.39}$$

Avec n : ordre de système.

En effectuant N mesures d'observations, nous pouvons écrire la sortie y sous une forme matricielle

$$y = \theta^T * \Psi \tag{II.40}$$

Avec

$$\begin{cases} \theta^T = [\, a_1 \; a_2 \; \cdots \; a_n \; b_1 \; b_1 \cdots \; b_m \,] \\ \Psi^T = [-y(k-1) \cdots -y(k-n) \; u(k-1) \cdots u(k\text{-m})] \end{cases}$$

Avec,

θ^T : vecteur des paramètres à identifier,

Ψ^T (k) : vecteur des données,

y (k) : sortie du système,

L'erreur de prédiction est définie comme étant la différence entre la sortie du système et la sortie du modèle $\hat{y}(k)$ (II.41).

$$\varepsilon(k) = y(k) - \hat{y}(k) \tag{II.41}$$

$$\hat{y}(k) = \theta^T * \Psi(k) \tag{II.42}$$

Avec $\hat{\theta}^T$ représente le vecteur des paramètres estimés par l'algorithme du moindre carré récursif généralisé(II.43).

$$\begin{cases} \hat{\theta}_k = \hat{\theta}_{k-1} + K_k \varepsilon(k) \\ \varepsilon(k) = y(k) - \hat{\theta}_{k-1}^T \varphi(k) \\ K_k = \dfrac{P_{k-1}\varphi_k}{\lambda + \varphi_k^T P_{k-1}\varphi_k} \\ P_k = P_{k-1} - \dfrac{P_{k-1}\varphi_k \varphi_k^T P_{k-1}}{\lambda + \varphi_k^T P_{k-1}\varphi_k} \end{cases} \tag{II.43}$$

V.2.4. Génération de la sortie globale du multi-modèle

Pour la génération de la sortie globale du multimodèle, nous pouvons recourir à deux méthodes : soit par fusion ou par commutation entres les différents sous modèles. Voyant maintenant le principe de l'approche de fusion que nous utiliserons ultérieurement.

A. Fusion

Il s'agit de calculer la validité de chaque sous modèle ensuite de faire la somme des sous modèles, chacun pondéré par sa validité :

$$y_m = \sum_i V_i y_i \tag{II.44}$$

Avec y_m : sortie globale du multi- modèle.

V_i : validité du l'$i^{ème}$ sous modèle.

y_i : sortie du l'$i^{ème}$ sous modèle.

- **Calcul de la validité :**

Le calcul de la validité peut être obtenu par plusieurs approches, telles que l'approche géométrique, de probabilité ou de résidu. Les deux premières approches nécessitent la connaissance des propriétés du système à modéliser, ainsi que des sous modèles locaux pour le calcul de la validité hors ligne ; par contre, l'approche de résidu est intéressante pour le calcul de la validité en ligne, puisqu'elle ne nécessite que la connaissance de la sortie du système ainsi que les sorties des sous modèles locaux.

- **Approche de résidu**

Le résidu est une fonction qui calcule l'erreur entre deux valeurs. Dans le cas de l'approche multi-modèle, le résidu r_i peut être exprimé par l'erreur entre la sortie du système à modéliser et la sortie d'un sous modèle local :

$$r_i = \|y - y_i\| \tag{II.45}$$

Où y et y_i sont respectivement les sorties du système et de $i^{ème}$ sous modèle.

Le résidu normalisé r_n est exprimé par (II.46).

$$r_{ni} = \frac{r_i}{\sum_{i=1}^{N} r_i} \tag{II.46}$$

Avec :

r_i : le résidu au niveau de l'$i^{ème}$ sous modèle local,

N : nombre des sous modèles.

Nous avons alors :

$$\begin{cases} r_{ni} \in [0\ 1] \\ \sum_{i=1}^{N} r_{ni} = 1 \end{cases} \tag{II.47}$$

Avec

r_{ni} : résidu normalisé au niveau de l'$i^{ème}$ sous modèle local.

Il est remarquable que, plus la valeur du résidu est grande, plus la validité est faible. Alors, la validité peut être exprimée par la valeur complémentaire du résidu :

$$v_i = 1 - r_{ni} \tag{II.48}$$

La validité normalisée v_{ni} est exprimée par (II.49).

$$v_{ni} = \frac{1 - r_{ni}}{N - 1} \tag{II.49}$$

Pour bénéficier du modèle le plus valide à chaque instant, la validité v_{rni}, définie en (II.51), assure, en même temps le renforcement ainsi que la normalisation:

$$v_{ri} = v_i \prod_{j=1, j \neq i}^{N} (1 - v_j) \tag{II.50}$$

$$v_{rni} = \frac{v_{ri}}{\sum_{i=1}^{N} v_{ri}} \tag{II.51}$$

Finalement, la sortie globale du multi-modèle peut être exprimée par (II.52).

$$y_m = \sum_{i=1}^{N} v_{rni} y_i \tag{II.52}$$

Pour une amélioration des résultats, on réduit le phénomène de perturbation dû à l'inconcevabilité des modèles. La validité renforcée peut être calculée comme dans (II.53).

$$v_{ri} = v_i \prod_{j=1, j \neq i}^{N} (1 - e^{-\left(\frac{r_j}{\sigma}\right)^2}) \tag{II.53}$$

Sachant que σ est une constante positive.

Ensuite, on normalise cette validité en utilisant la relation (II.51).

V.3. Application de l'approche multimodèle à la modélisation de la MADA

Cette partie est consacrée à la modélisation de la vitesse, au courant i_{rd} et au courant i_{rq} de la machine asynchrone à double alimentation par approche multimodèle.

Nous envisageons ici d'appliquer la stratégie développée précédemment pour la modélisation multimodèle de la vitesse, le courant i_{rd} et le courant i_{rq} de la MADA, d'une façon séquentielle.

Une tâche préalable consiste à collecter une base d'entrées-sorties issue du système.

La modélisation par approche multimodèle demande, pour converger avec une erreur de modélisation faible, une excitation persistante qui sensibilise suffisamment tous les modes du système. Pour cela, on choisit une excitation, obtenue par l'addition d'une séquence Binaire Pseudo Aléatoire (SBPA) à la consigne de la boucle de vitesse w_{ref}, avec un couple de charge Cr constant.

Une fois le système excité par l'entrée u=f_r, l'objectif est d'acquérir une série de mesures de différentes grandeurs, issues du système et qui représentent les sorties du système.

De ce fait, la machine asynchrone doublement alimentée avec l'onduleur sont représentés comme un système multivariable à une entrée [u : f_r] et à trois sorties [y_1 : w, y_2 : i_{rd}, y_3 : i_{rq}] (figure(II.10)).

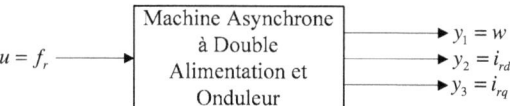

Figure II. 10 Représentation multivariable de la MADA.

Ainsi, la modélisation multi-modèle permet de générer un ensemble de six modèles multivariables.

Disposant d'une base de données numériques issue des mesures des différentes entrées/sorties de la machine, la classification devient une étape indispensable.

Essayons de comparer maintenant trois méthodes de classification, qui sont la méthode de Chiu, celle de C-means et celle de K-means, que nous allons appliquer à la modélisation de la vitesse de la machine à double alimentation.

Pour chaque méthode de classification, toutes les étapes de modélisation par approche multi-modèle sont appliquées.

Dans un premier temps, nous allons classifier les données Fr/vitesse en sous classes, selon les trois méthodes de classification. Ensuite, l'application de l'identification structurelle permettra de générer l'ordre des sous modèles, tandis que l'identification paramétrique, par l'application de l'algorithme du moindre carré récursive, nous permettra de déterminer les paramètres des différents sous modèles.

Chaque sous modèle obtenu contribue à la modélisation multi-modèle de la vitesse rotorique de la machine.

V.3.1. Modélisation par l'algorithme de Chiu

La stratégie développée précédemment est appliquée à la modélisation multimodèle de la vitesse de la MADA par l'algorithme de classification de Chiu, d'une façon séquentielle. La classification de la base de données permet de déterminer six centres de classes de données. Ces centres seront représentés par la figure (II.11).

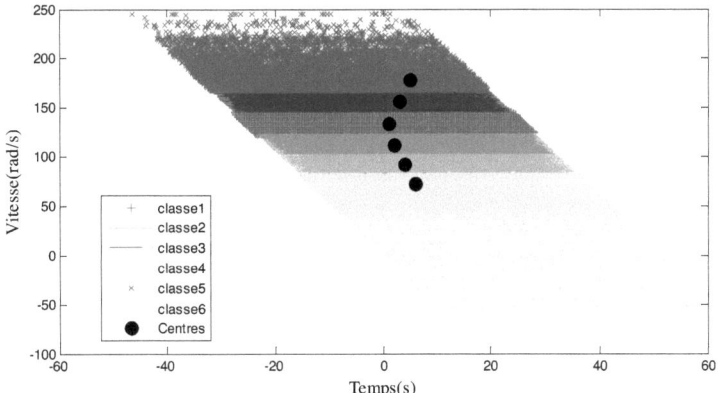

Figure II.11 Classification de base de données en sous classes par l'algorithme de Chiu.

L'identification structurelle a abouti à l'ordre 1, pour les six classes obtenues en appliquant les deux méthodes d'identification de l'ordre, décrites précédemment.

L'identification paramétrique utilisant la méthode d'identification du moindre carrée récursive généralisée, a permis de produire les six équations récurrentes, données par les relations (II.54)-(II.59).

$$y_1(k) = q^{-1} \frac{0.025}{1-0.982q^{-1}} u(k) - \frac{0.048}{1-0.982q^{-1}} \tag{II.54}$$

$$y_2(k) = q^{-1} \frac{0.081}{1+0.990q^{-1}} u(k) + \frac{1.085}{1+0.990q^{-1}} \tag{II.55}$$

$$y_3(k) = q^{-1} \frac{0.057}{1-0.977q^{-1}} u(k) + \frac{0.751}{1-0.977q^{-1}} \tag{II.56}$$

$$y_4(k) = q^{-1} \frac{0.012}{1-0.9894q^{-1}} u(k) - \frac{0.550}{1-0.9894q^{-1}} \tag{II.57}$$

$$y_5(k) = q^{-1} \frac{0.057}{1-0.976q^{-1}} u(k) + \frac{4.319}{1-0.976q^{-1}} \tag{II.58}$$

$$y_6(k) = q^{-1} \frac{0.034}{1-0.999q^{-1}} \tag{II.59}$$

Pour la validation des différents résultats de modélisation, nous avons choisi une entrée variable, pour exciter le multimodèle généré et le système réel. En comparant les différents résultats, la figure (II.12) et la figure (II.13) permettent de valider la stratégie de modélisation envisagée.

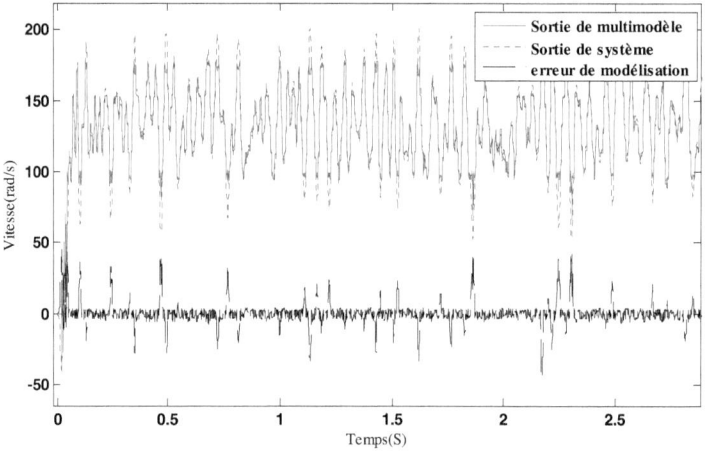

Figure II. 12 Variation de la vitesse sortie du multimodèle et sortie du système réel.

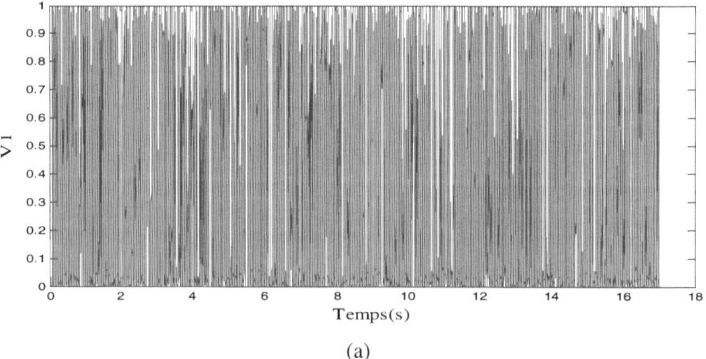

(a)

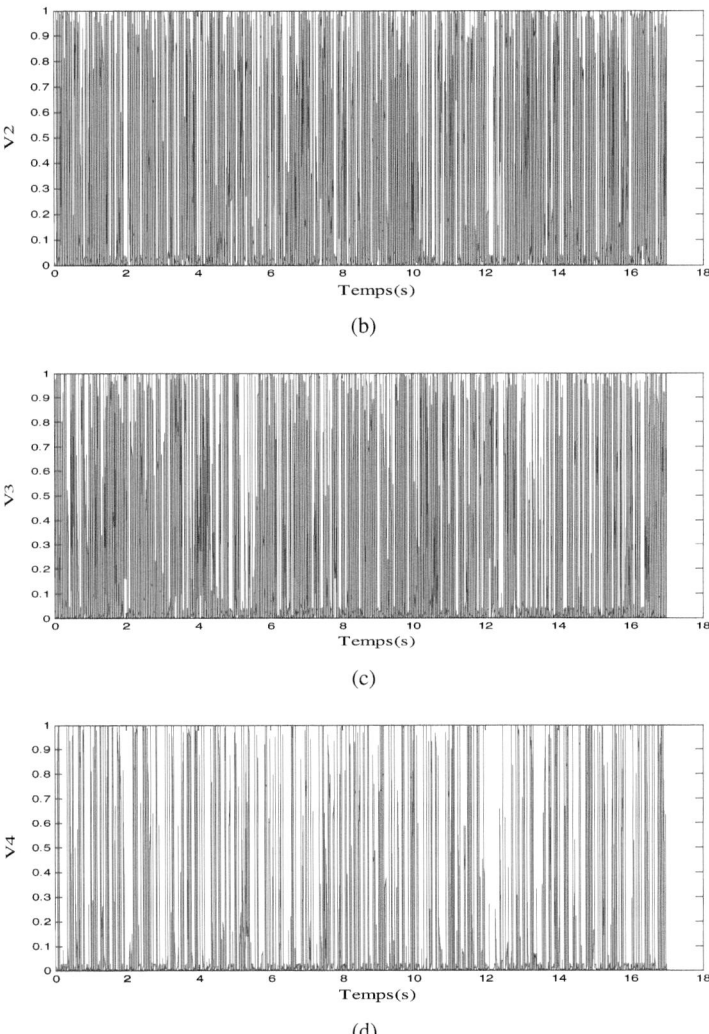

(b)

(c)

(d)

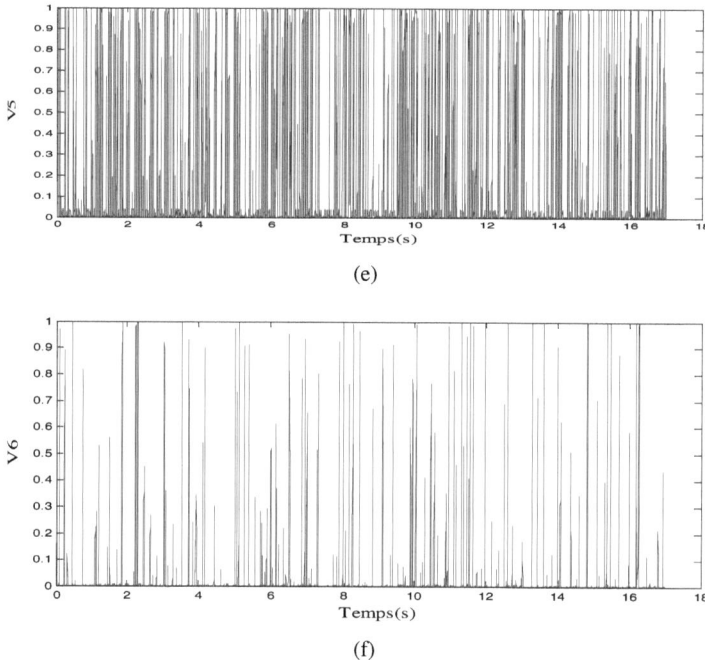

Figure II.13 : (a) :validitéV1(k), (b) : validitéV2(k), (c) : validitéV3(k), (d) : validitéV4(k), (e) : validitéV5(k) et (f) : validitéV6(k).

V.3.2. Modélisation par l'algorithme de C-means

Nous suivrons la même stratégie de modélisation de la vitesse de la MADA par approche multi-modèle, par la méthode de classification de C-means.

La classification de la base des données par l'algorithme de C-means permet de produire six classes, dont les centres et les sous classes sont représentés par la figure (II.14).

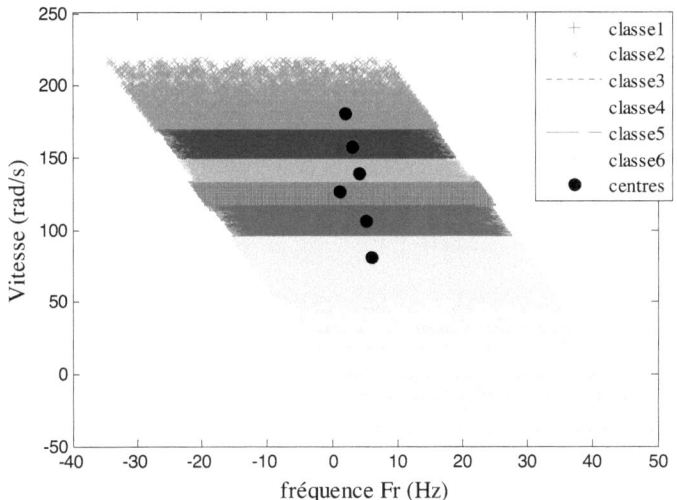

Figure II.14 Classification de la base des données en sous classes par l'algorithme de C-means.

L'identification structurelle a abouti à l'ordre 1, pour les six classes obtenues en appliquant les deux méthodes d'identification de l'ordre.

L'application de la méthode d'identification du moindre carrée récursive généralisée pour l'identification paramétrique des sous modèles, a permis de produire les six fonctions de transfert, données par les relations (II.60)-(II.65).

$$y_1(k) = q^{-1} \frac{0.024}{1+0.949q^{-1}} u(k) + \frac{6.309}{1+0.949q^{-1}} \tag{II.60}$$

$$y_2(k) = q^{-1} \frac{0.012}{1+0.989q^{-1}} u(k) + \frac{2.108}{1+0.989q^{-1}} \tag{II.61}$$

$$y_3(k) = q^{-1} \frac{0.0036}{1+0.967q^{-1}} u(k) + \frac{5.136}{1+0.967q^{-1}} \tag{II.62}$$

$$y_4(k) = q^{-1} \frac{0.004}{1+0.9463q^{-1}} u(k) + \frac{7.563}{1+0.9463q^{-1}} \tag{II.63}$$

$$y_5(k) = q^{-1} \frac{0.0043}{1+0.9617q^{-1}} u(k) + \frac{4.051}{1+0.9617q^{-1}}$$
(II.64)

$$y_6(k) = q^{-1} \frac{0.0072}{1+0.9948q^{-1}} u(k) + \frac{0.351}{1+0.9948q^{-1}}$$
(II.65)

Pour la validation des différents résultats de modélisation, une entrée variable est choisie pour exciter le multimodèle généré et le système réel. La comparaison des différents résultats permet de représenter les figures (II.15).

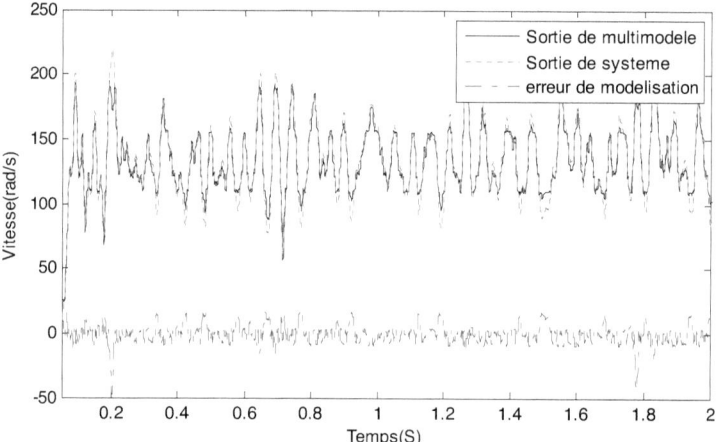

Figure II. 15 Modélisation multi-modèle de la vitesse par la méthode C-means.

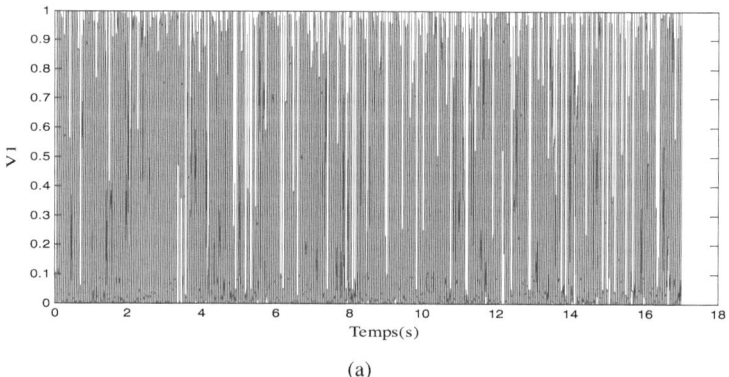

(a)

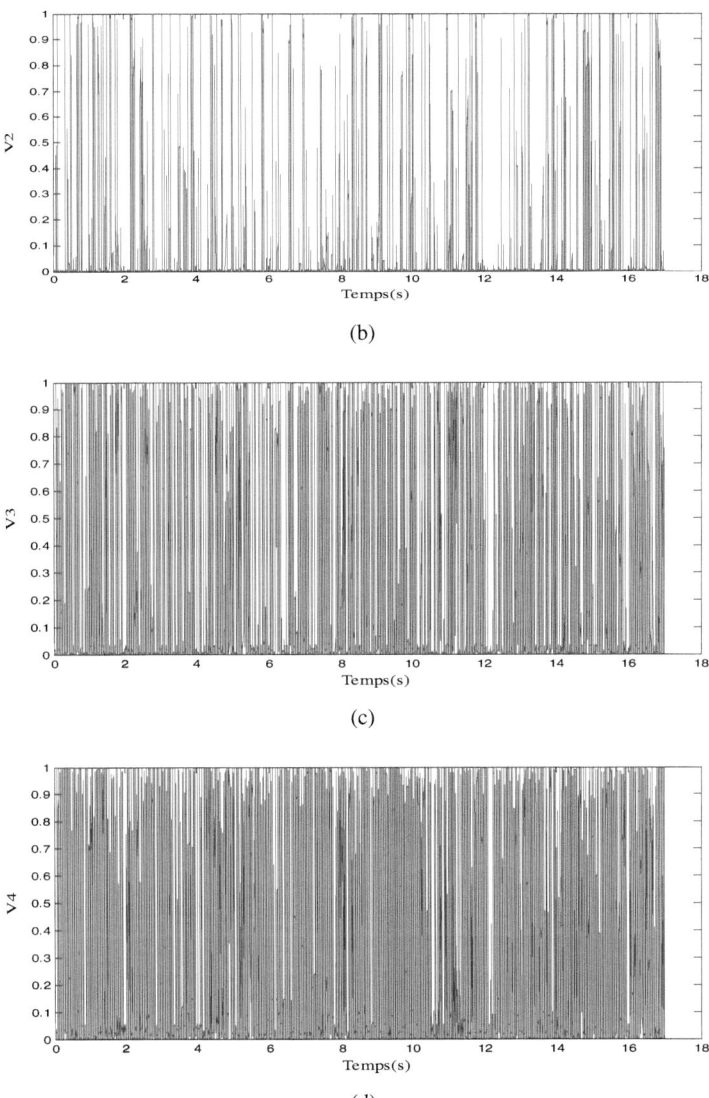

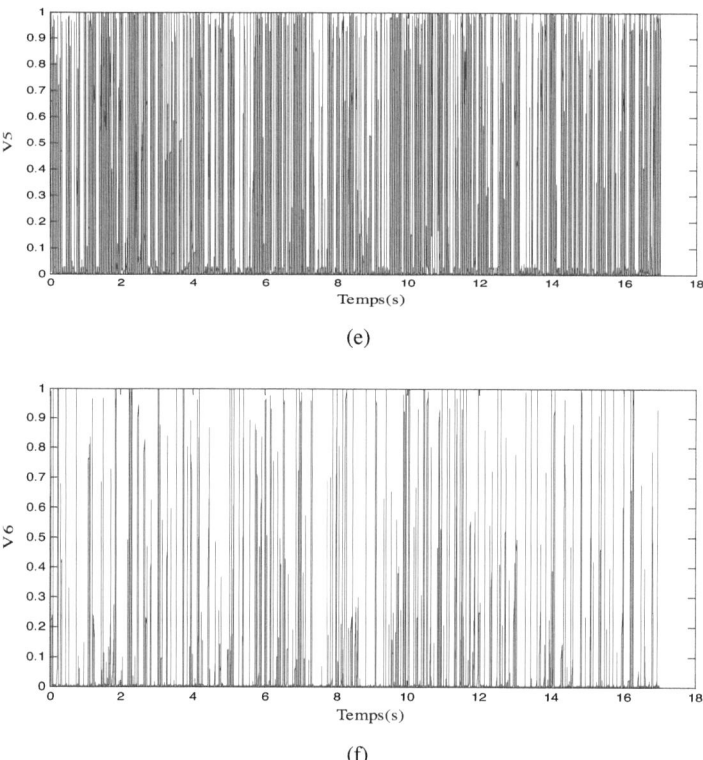

*Figure II. 16 : (a) : validitéV$_1$, (b) : validitéV$_2$, (c) : validitéV$_3$, (d) : validitéV$_4$, (e) : validitéV$_5$
et (f) : validitéV$_6$.*

V.3.3. Modélisation par l'algorithme de K-means

Continuons avec la même stratégie de modélisation de la vitesse de la MADA par approche multi-modèle, par la méthode de classification de K-means.

La classification de la base des données par l'algorithme de K-means permet de produire six classes, dont les centres et les sous classes sont représentés par la figure (II.17).

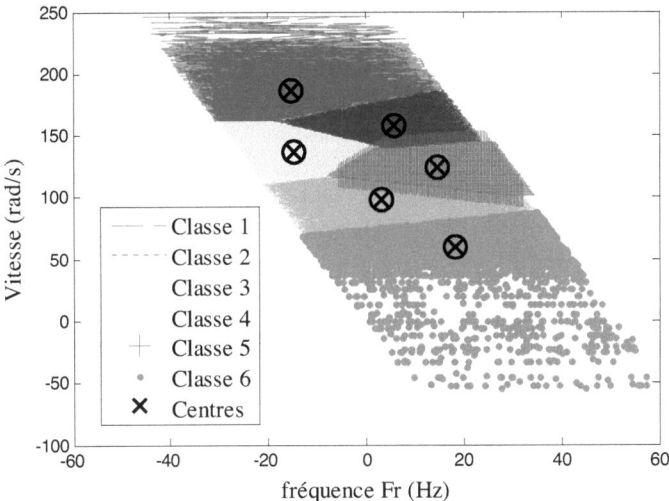

Figure II. 17Classification de la base des données en sous classes par l'algorithme de K-means.

L'identification structurelle a abouti à l'ordre 1, pour les six classes obtenues, en appliquant les deux méthodes d'identification de l'ordre.

L'application de la méthode d'identification du moindre carrée récursive généralisée pour l'identification paramétrique des sous modèles a permis de produire les six fonctions de transfert, données par les relations (II.66)-(II.67).

$$y_1(k) = q^{-1} \frac{0.014}{1+0.9901q^{-1}} u(k) + \frac{2.031}{1+0.9901q^{-1}} \tag{II.66}$$

$$y_2(k) = q^{-1} \frac{0.009}{1+0.9606q^{-1}} u(k) + \frac{6.227}{1+0.9606q^{-1}} \tag{II.67}$$

$$y_3(k) = q^{-1} \frac{0.0054}{1+0.935q^{-1}} u(k) + \frac{8.902}{1+0.935q^{-1}} \tag{II.68}$$

$$y_4(k) = q^{-1} \frac{0.010}{1+0.9726q^{-1}} u(k) + \frac{2.599}{1+0.9726q^{-1}} \tag{II.69}$$

$$y_5(k) = q^{-1} \frac{0.0061}{1+0.9460q^{-1}} u(k) + \frac{6.494}{1+0.9460q^{-1}} \tag{II.70}$$

$$y_6(k) = q^{-1} \frac{0.0096}{1+0.9972q^{-1}} u(k) + \frac{0.0379}{1+0.9972q^{-1}}$$

(II.71)

Pour la validation des différents résultats de modélisation, une entrée variable est choisie pour exciter le multimodèle généré et le système réel. La comparaison des différents résultats permet de représenter la figure (II.18).

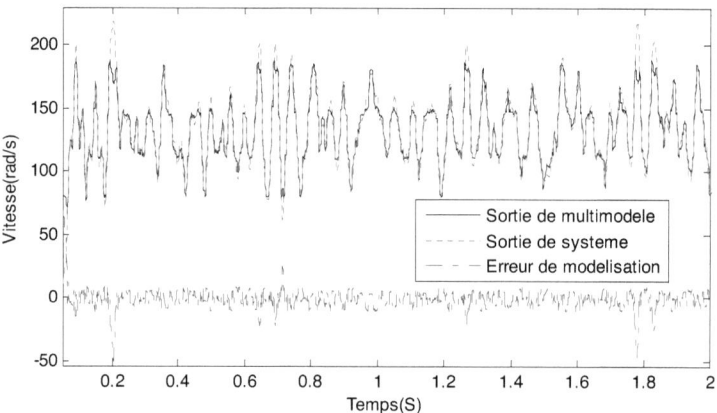

Figure II. 18 Modélisation multi-modèle de la vitesse par la méthode K-means.

Les différentes évolutions des validités des six sous modèles sont représentées par la figure (II.19).

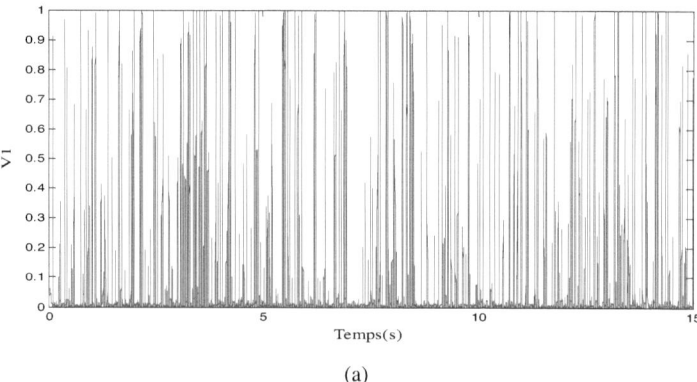

(a)

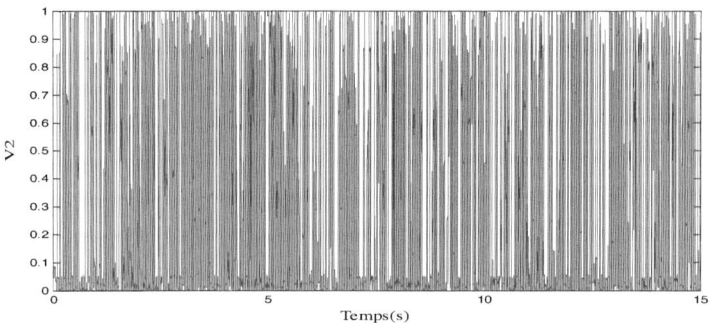

(b)

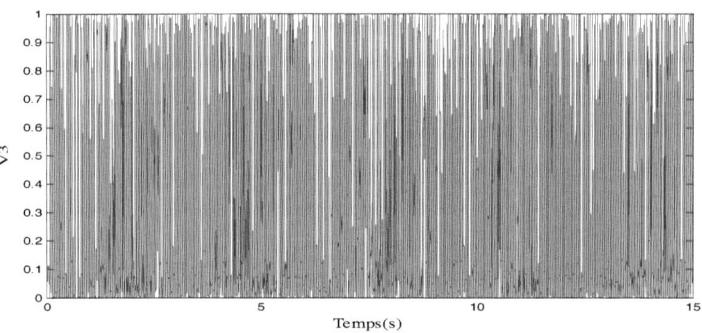

(c)

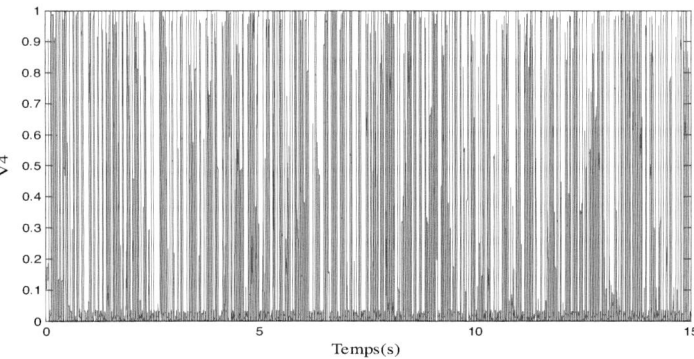

(d)

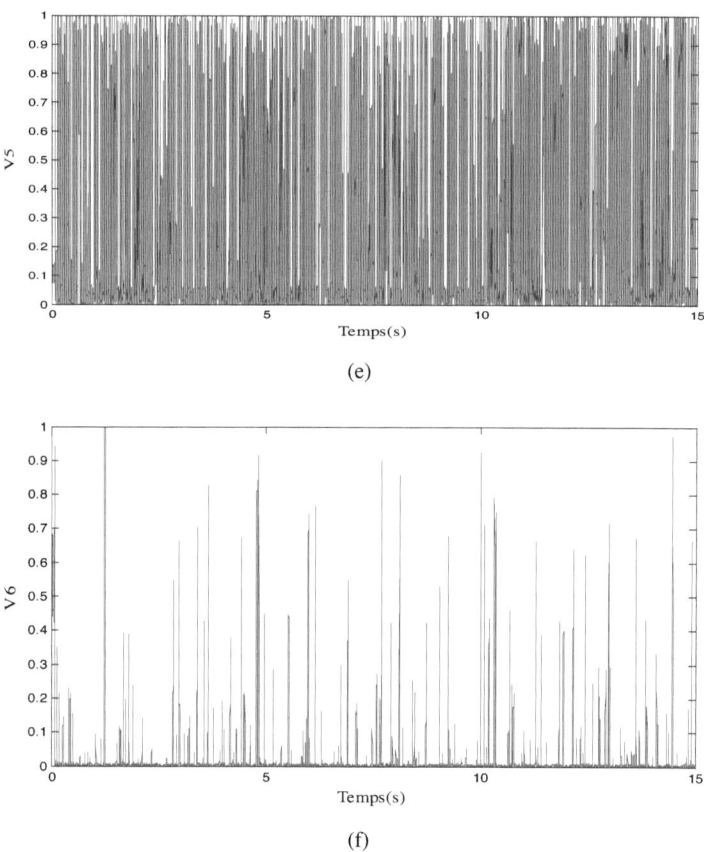

Figure II. 19 : (a) : validitéV1, (b) : validitéV2, (c) : validitéV3, (d) : validitéV4, (e) : validitéV5 et (f) : validitéV6.

V.3.4. Etude comparative

Comparons maintenant les différentes méthodes de modélisation multi-modèle par les différents algorithmes de classification étudiées précédemment. Pour ce faire, un critère de comparaison à calculer pour chaque algorithme de classification, est la valeur normalisée de la racine du moyen carré de l'erreur de modélisation, notée NRMSE.

Un tableau contenant les différentes valeurs calculées est proposé dans la table (II.2).

Table II.2. Etude comparative des algorithmes de classification.

Algorithme	De Chiu	C-means	K-means
NRMSE	0.0328	0.0317	0.0310

Les évolutions des erreurs normalisées de modélisation de chaque méthode de classification sont représentées dans la figure (II.20).

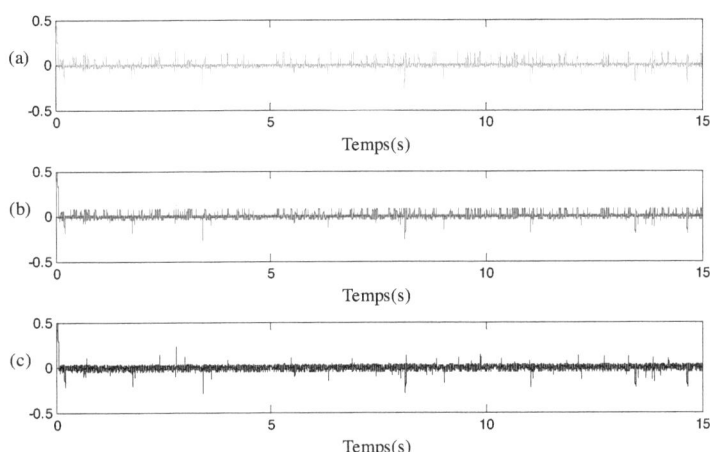

Figure II. 20. Evolution des erreurs normalisées : (a) : par la méthode de Chiu, (b) : par la méthode de C-means et (c) : par la méthode de K-means.

Il est aisé de constater que la modélisation par la méthode de classification de K-means est la plus convergente.

V.3.4. Modélisation par une nouvelle stratégie de classification

L'algorithme de K-means dépend des valeurs initiales des centres des classes. Le choix de ceux-ci doit être pertinent. Ainsi, une méthode plus intéressante est de combiner les trois méthodes de classification de Chiu, de C-means et de k-means. La méthode de Chiu est conçue pour déterminer le nombre de classes. Le rôle de l'algorithme de classification C-means est de déterminer les valeurs initiales des centres des classes, pour les utiliser dans l'algorithme de K-means.

En appliquant cette nouvelle méthode de classification pour la modélisation multi-modèle de la vitesse de la machine à double alimentation, la valeur NRMSE est calculée afin de la comparer avec les trois autres algorithmes. Les résultats de comparaison sont illustrés dans la table (II.3).

Table II.3. Etude comparative des algorithmes de classification avec la nouvelle stratégie.

Algorithme	De Chiu	C-means	K-means	Nouvelle méthode
NRMSE	0.0328	0.0317	0.0310	0.0277

La table II.3 montre clairement que le nouvel algorithme de classification est le meilleur et le plus convergent.

La figure (II.21) représente le résultat de modélisation de la vitesse par l'approche multi-modèle, par le nouvel algorithme de classification.

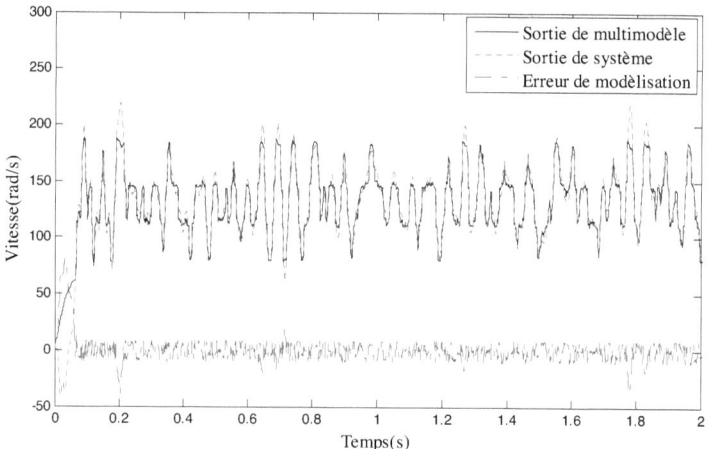

Figure II.21 Modélisation multi-modèle de la vitesse par la nouvelle méthode de classification.

Ainsi, dans la suite, ce nouvel algorithme, combinant les trois méthodes va être retenu et appliqué pour la modélisation de la vitesse, i_{rd} et i_{rq} de la MADA.

L'identification structurelle et paramétrique de chaque sous modèle consiste à déterminer les vecteurs des paramètres locaux Θ_{wi}, Θ_{irdi} et Θ_{irqi} en appliquant l'algorithme du moindre carrée récursive.

- Pour le premier sous modèle

Les équations récurrentes obtenues sont définies par les relations(II.72)-(II.77).

$$\begin{cases} y_{11}(k) = q^{-1} \dfrac{0.0047}{1+0.9459q^{-1}} u(k) + \dfrac{7.6256}{1+0.9459q^{-1}} \\ y_{21}(k) = q^{-1} \dfrac{0.0019}{1+0.889q^{-1}} u(k) + \dfrac{1.960}{1+0.889q^{-1}} \\ y_{31}(k) = q^{-1} \dfrac{0.0565}{1+0.889q^{-1}+0.226q^{-2}} u(k) + \dfrac{-1.935}{1+0.889q^{-1}+0.226q^{-2}} \end{cases}$$

(II.72)

- Pour le second sous modèle

$$\begin{cases} y_{12}(k) = q^{-1} \dfrac{0.0073}{1+0.995q^{-1}} u(k) + \dfrac{0.3293}{1+0.995q^{-1}} \\ y_{22}(k) = q^{-1} \dfrac{0.0974}{1+0.990q^{-1}} u(k) + \dfrac{0.9163}{1+0.990q^{-1}} \\ y_{32}(k) = q^{-1} \dfrac{0.0629}{1+0.6946q^{-1}+0.2095q^{-2}} u(k) - \dfrac{4.6253}{1+0.6946q^{-1}+0.2095q^{-2}} \end{cases}$$

(II.73)

- Pour le troisième sous modèle

$$\begin{cases} y_{13}(k) = q^{-1} \dfrac{0.0035}{1+0.9678q^{-1}} u(k) + \dfrac{5.1077}{1+0.9678q^{-1}} \\ y_{23}(k) = q^{-1} \dfrac{0.0034}{1+0.972q^{-1}} u(k) + \dfrac{0.1124}{1+0.972q^{-1}} \\ y_{33}(k) = q^{-1} \dfrac{0.0733}{1+0.6572q^{-1}+0.1510q^{-2}+0.0902q^{-3}} u(k) + \dfrac{1.6986}{1+0.6572q^{-1}+0.1510q^{-2}+0.0902q^{-3}} \end{cases}$$

(II.74)

- Pour le quatrième sous modèle

$$\begin{cases} y_{14}(k) = q^{-1} \dfrac{0.0024}{1+0.9497q^{-1}} u(k) + \dfrac{6.3034}{1+0.9497q^{-1}} \\ y_{24}(k) = q^{-1} \dfrac{-0.0008}{1+0.8038q^{-1}+0.1148q^{-2}} u(k) + \dfrac{2.6640}{1+0.8038q^{-1}+0.1148q^{-2}} \\ y_{34}(k) = q^{-1} \dfrac{0.0829}{1+0.7168q^{-1}+0.0944q^{-2}+0.1072q^{-3}} u(k) + \dfrac{4.5812}{1+0.7168q^{-1}+0.0944q^{-2}+0.1072q^{-3}} \end{cases}$$

(II.75)

- Pour le cinquième sous modèle

$$\begin{cases} y_{15}(k) = q^{-1}\dfrac{0.0045}{1+0.9619q^{-1}}u(k) + \dfrac{4.0281}{1+0.9619q^{-1}} \\ y_{25}(k) = q^{-1}\dfrac{0.0053}{1+0.9661q^{-1}}u(k) + \dfrac{2.0988}{1+0.9661q^{-1}} \\ y_{35}(k) = q^{-1}\dfrac{0.0836}{1+0.9021q^{-1}+0.0661q^{-2}-0.0120q^{-3}}u(k) + \dfrac{4.4636}{1+0.9661q^{-1}} \end{cases}$$

(II.76)

- Pour le sixième sous modèle

$$\begin{cases} y_{16}(k) = q^{-1}\dfrac{0.0120}{1+0.9891q^{-1}}u(k) + \dfrac{2.1108}{1+0.9891q^{-1}} \\ y_{26}(k) = q^{-1}\dfrac{0.0005}{1+0.8183q^{-1}}u(k) + \dfrac{1.9792}{1+0.8183q^{-1}} \\ y_{36}(k) = q^{-1}\dfrac{0.0975}{1+0.8368q^{-1}+0.111q^{-2}}u(k) - \dfrac{4.7768}{1+0.8368q^{-1}+0.111q^{-2}} \end{cases}$$

(II.77)

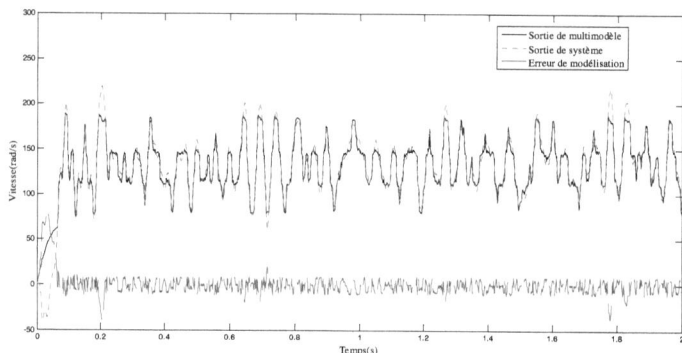

Figure II.22 Variation de la vitesse de sortie du multimodèle et sortie du système réel.

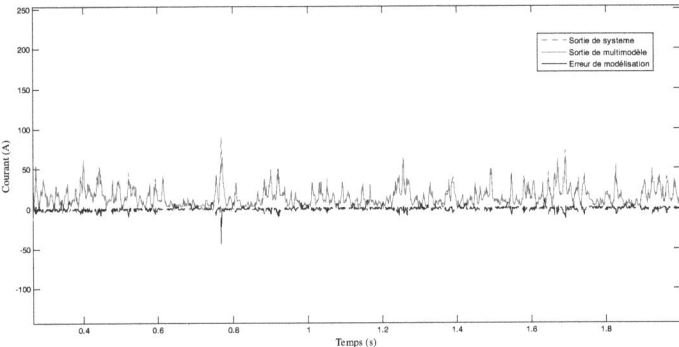

Figure II.23 Variation du courant rotorique i_{rd} issu du multimodèle et celui issu du système réel.

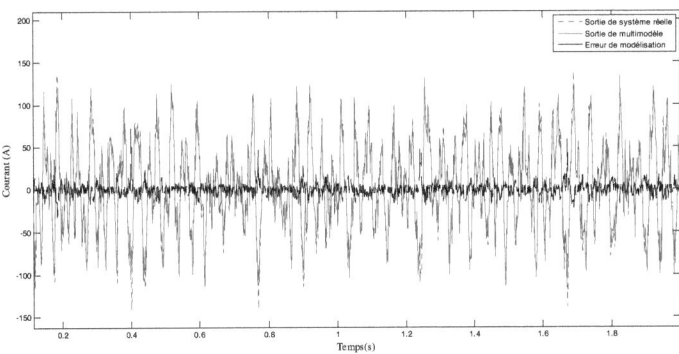

Figure II.24 Variation du courant rotorique i_{qr} sortie du multimodèle et celui du système réel.

Les résultats de modélisation par approche multimodèle montrent que les sorties issues du multimodèle suivent, avec des erreurs acceptables, les sorties du système réel.

Pour bien prouver l'efficacité du multimodèle obtenu, ce dernier est comparé à un modèle élaboré par la méthode du moindre carrées récursive (RLS) généralisée, appliquée pour l'identification de la vitesse totale, sur toute la base des données. Le résultat de cette comparaison est présenté dans la figure (II.25).

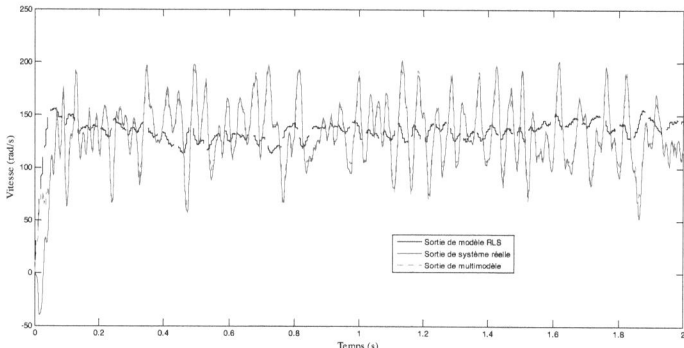

Figure II. 25 Evolution de la sortie du modèle avec RLS, sorties du multimodèle et sortie du système réel.

V.4. Validation expérimentale

Nous envisageons dans cette partie de tester et de valider expérimentalement la modélisation par approche multimodèle. Pour ce faire, une étude expérimentale est réalisée sur une machine asynchrone à cage d'écureuil de 1kw.

En temps réel, le problème de modélisation du système réel s'avère plus délicat que celui traité en simulation. En effet, en plus du couplage entre ses variables, qui peut être exprimé plus particulièrement dans la relation de dépendance entre le couple, avec simultanément la vitesse et le flux, le moteur est sujet à plusieurs perturbations, telles que la variation de ses paramètres, ainsi que l'effet de l'insertion des charges.

En fait, la machine électrique, intégrée dans son environnement, peut subir des variations de ses paramètres, sous l'effet de plusieurs phénomènes physiques. Une augmentation de la température par exemple, peut provoquer la variation des résistances du moteur.

L'entraînement de charge peut être aussi un facteur perturbateur et nuisible, qui peut provoquer une dégradation du bon fonctionnement du moteur. De même, la variation du couple de charge, peut générer une variation la de vitesse et du flux de la machine.

D'un autre côté, l'évolution de la sortie du moteur peut être dépendante des points de fonctionnement. En général, on peut citer deux régimes de fonctionnement du moteur ; un fonctionnement en hautes vitesses, un autre, en moyennes et basses vitesses.

On constate d'après la figure (II.26), qu'en haute vitesse, les perturbations (variation paramétrique, insertion de charge) n'ont pas un effet très audible sur la sortie de la machine. En effet, en haute vitesse (défluxage) la machine ne supporte pas les insertions de charge, ainsi que les fortes variations paramétriques:

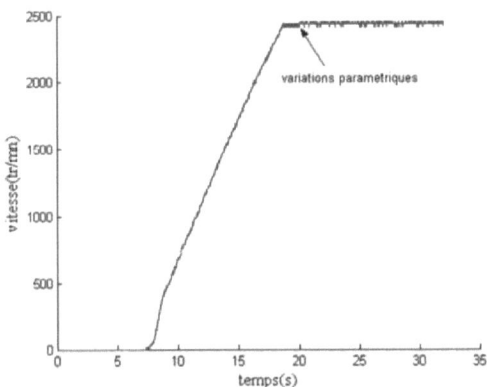

Figure II. 26 Variation de la vitesse en fonction des perturbations, autour de 2450tr/mn.

En moyenne et basse vitesse, les perturbations ont un grand effet sur la sortie de la machine qui varie en fonction des variations paramétriques et des insertions des différentes valeurs de charge (Figure (II.27) et (II.28)).

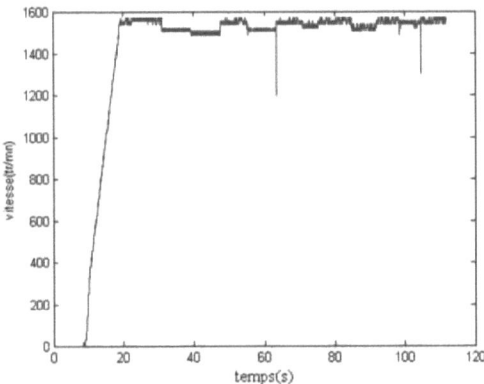

Figure II. 27. Variation de la vitesse en fonction des perturbations autour de 1550 tr/mn.

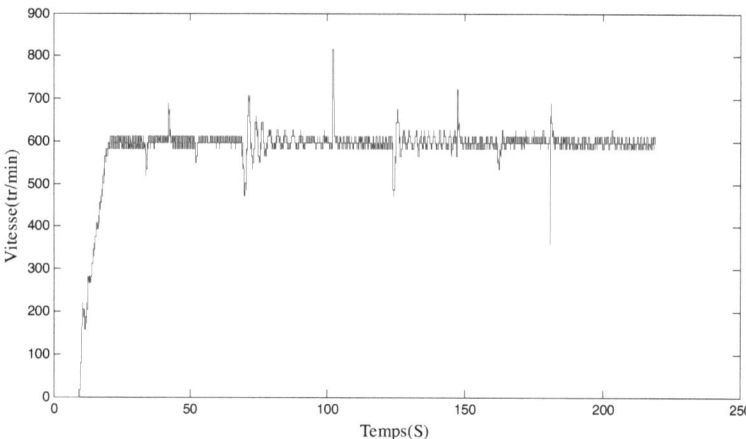

Figure II. 28 Variation de la vitesse en fonction des perturbations autour de 600 tr/mn.

Ainsi, nous avons été amenés à étudier la modélisation multimodèle de la machine asynchrone, en un point de fonctionnement appartenant au régime basse et moyenne vitesse, autour de 600tr/min.

L'expérimentation a été réalisée à l'aide de Matlab/Simulink et une carte de pilotage dSpace, contenant des convertisseurs analogique/numérique et numérique /analogique, permettant l'envoi et l'acquisition des signaux d'entrée et de sortie échangés entre l'ordinateur et le moteur.

De ce fait, compte tenu de ces différents facteurs et perturbations auxquels la sortie du système peut être sensible, un banc expérimental adéquat exposé par la figure (II.29), pour valider l'approche de modélisation, est finement préparé.

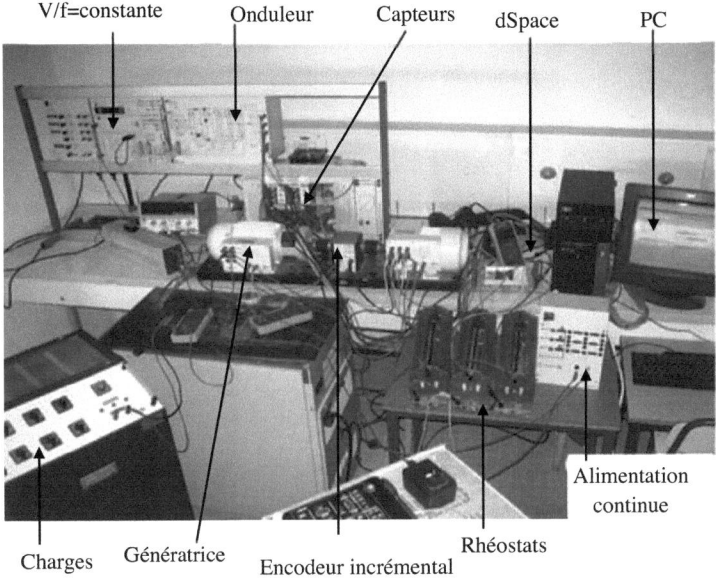

Figure II. 29 Prototype expérimental.

Le banc expérimental est composé d' :
- Un procède réel : moteur asynchrone à cage d'écureuil,
- Une machine à courant continu, alimentant une charge résistive.
- Un ordinateur permettant le traitement des différents algorithmes nécessaires à l'acquisition des données,
- Une carte de pilotage dSpace contenant des convertisseurs analogique/numérique et numérique /analogique, permettant l'envoi et l'acquisition des signaux d'entrée et de sortie, échangés entre l'ordinateur de contrôle et le moteur,
- Un encodeur incrémental jouant le rôle de capteur mécanique, permettant la mesure de vitesse du moteur,
- Un onduleur de tension triphasé, assurant l'alimentation,
- Un ensemble de capteurs électroniques permettant l'acquisition de divers signaux : courants et tensions,

- De trois rhéostats, en série avec les trois bobines statoriques, pour la variation de la résistance statorique,
- Une alimentation continue pour l'excitation de la génératrice (machine à courant continu),
- Une unité de commande à stratégie: V/f=constante,

On effectue des mesures successives des deux courants statoriques, à travers l'ensemble des capteurs électroniques afin de déterminer le courant moyen. La mesure de vitesse est réalisée à l'aide d'un encodeur incrémental qui génère 1024 impulsions par tour. L'insertion de la charge est effectuée à l'aide d'une machine à courant continu connectée à la machine asynchrone alimentant un ensemble de trois rhéostats, montés en série avec les trois bobines statoriques, afin de provoquer la variation de la résistance statorique.

Une large base de données est obtenue après une procédure d'envois et d'acquisitions des signaux d'entrées/sorties de la machine asynchrone autour du point de fonctionnement, de 600 tr/min tout en effectuant des variations paramétriques et des insertions successives de charge en des instants séparés. Cette riche base de données est exploitée dans la phase de classification et de modélisation structurelle et paramétrique des différents sous modèles.

La classification de base de données par la méthode proposée, consistant en une combinaison des trois algorithmes de classification : celui de de Chiu, de C-means et de K-means, a engendré un ensemble de huit classes, représentées dans la figure (II.30).

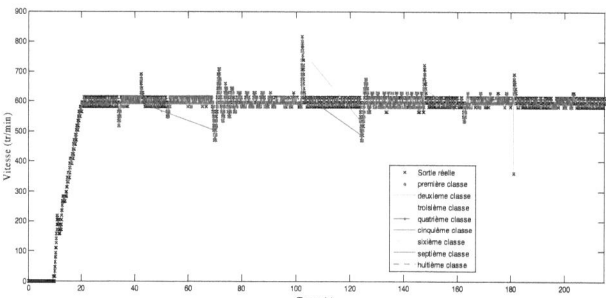

Figure II. 30 répartition des classes de courant.

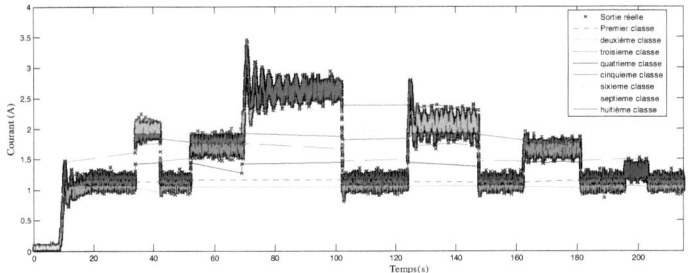

Figure II. 31 répartition des classes de courant.

L'identification paramétrique est réalisée par l'algorithme du moindre carrée récursive généralisée, tandis que l'identification structurelle des sous-systèmes est réalisée, d'une part par le test du rapport des déterminants instrumentaux (RDI), d'autre part par la procédure générale de l'estimation de l'ordre.

Les équations récurrentes des différents sous modèles obtenus, sont données par les relations (II.78)-(II.85).

- Pour le premier sous modèle

$$\begin{cases} y_{11}(k) = q^{-1} \dfrac{0.107}{1+0.892q^{-1}} u(k) \\ y_{21}(k) = q^{-1} \dfrac{0.013}{1+0.930q^{-1}} u(k) \end{cases}$$

(II.78)

- Pour le second sous modèle

$$\begin{cases} y_{12}(k) = q^{-1} \dfrac{0.084}{1+0.914q^{-1}} u(k) \\ y_{22}(k) = q^{-1} \dfrac{0.003}{1+0.978q^{-1}} u(k) \end{cases}$$

(II.79)

- Pour le troisième sous modèle

$$\begin{cases} y_{13}(k) = q^{-1} \dfrac{0.1109}{1+0.889q^{-1}} u(k) \\ y_{23}(k) = q^{-1} \dfrac{0.223}{1+0.037q^{-1}+0.155q^{-2}} u(k) \end{cases}$$

(II.80)

- Pour le quatrième sous modèle

$$\begin{cases} y_{14}(k) = q^{-1} \dfrac{0.0115}{1+0.7056q^{-1}+0.284q^{-2}} u(k) \\ y_{24}(k) = q^{-1} \dfrac{0.0127}{1+0.9387q^{-1}} u(k) \end{cases}$$

(II.81)

- Pour le cinquième sous modèle

$$\begin{cases} y_{15}(k) = q^{-1} \dfrac{0.0084}{1+0.9904q^{-1}} u(k) \\ y_{25}(k) = q^{-1} \dfrac{0.0811}{1+0.8153q^{-1}} u(k) \end{cases}$$

(II.82)

- Pour le sixième sous modèle

$$\begin{cases} y_{16}(k) = q^{-1} \dfrac{0.1297}{1+0.6029q^{-1}+0.266q^{-2}} u(k) \\ y_{26}(k) = q^{-1} \dfrac{0.1558}{1+0.4268q^{-1}+0.1215q^{-2}} u(k) \end{cases}$$

(II.83)

- Pour le septième sous modèle

$$\begin{cases} y_{17}(k) = q^{-1} \dfrac{0.0901}{1+0.6524q^{-1}+0.2575q^{-2}} u(k) \\ y_{27}(k) = q^{-1} \dfrac{0.0328}{1+0.9285q^{-1}} u(k) \end{cases}$$

(II.84)

- Pour le huitième sous modèle

$$\begin{cases} y_{18}(k) = q^{-1} \dfrac{0.0686}{1+0.6508q^{-1}+0.2808q^{-2}} u(k) \\ y_{28}(k) = q^{-1} \dfrac{0.1619}{1+0.4693q^{-1}} u(k) \end{cases}$$

(II.85)

Finalement, la sortie du multimodèle est développée après la fusion de l'ensemble des sous modèles.

Les différentes variations des huit validités pour la modélisation, respectivement, de la vitesse et du courant, sont générées et représentées respectivement par la figure (II.32) et la figure (II.33). Elles représentent la contribution de chaque sous modèle à la construction du modèle total de la vitesse, ainsi que le courant de la machine.

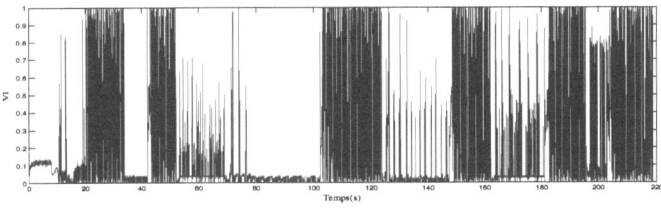

(a)

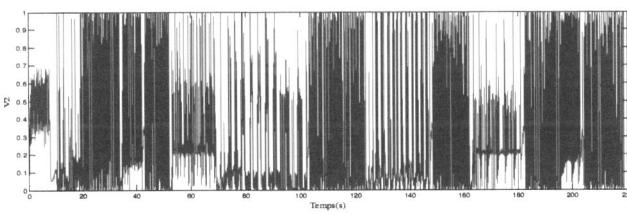

(b)

83

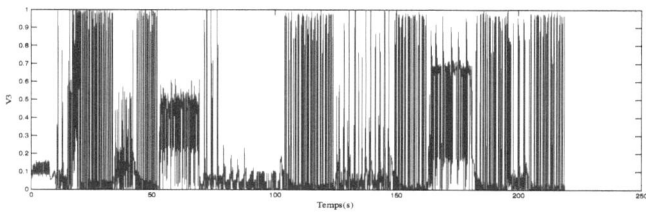

(c)

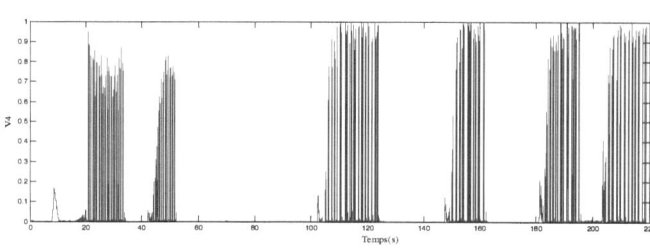

(d)

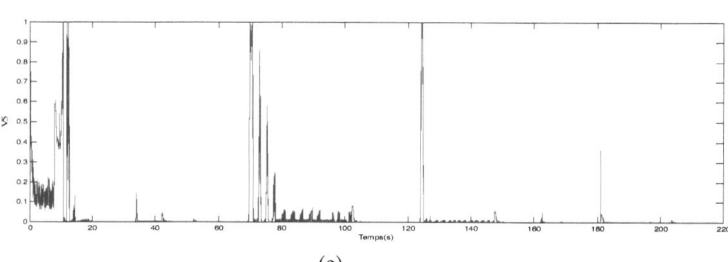

(e)

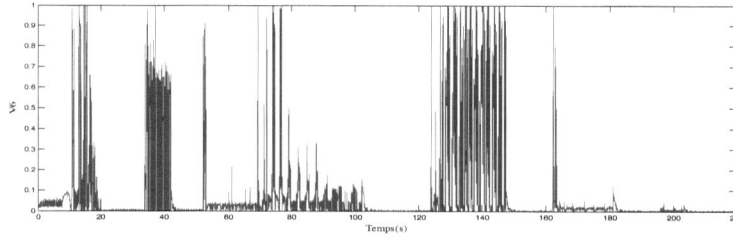

(f)

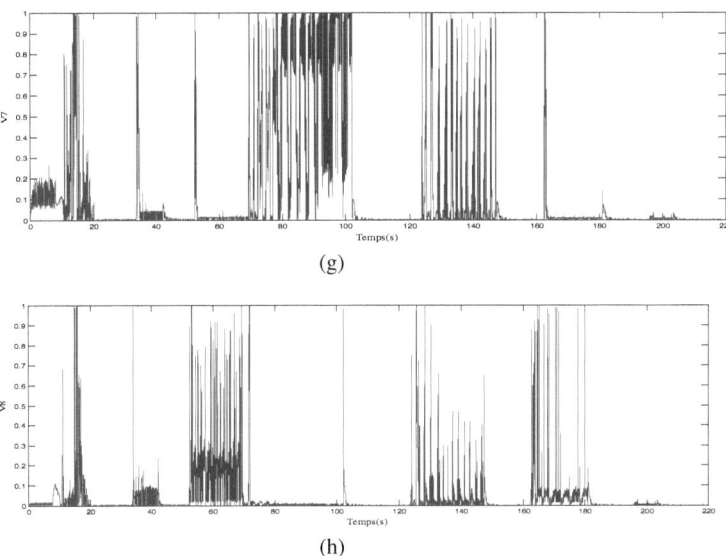

(g)

(h)

Figure II. 32 Les validités des sous modèles de vitesse : (a) : validité du premier sous modèle, (b) : validité du second sous modèle, (c) : validité du troisième sous modèle, (d) : validité du quatrième sous modèle, (e) : validité du cinquième sous modèle, (f) : validité du sixième sous modèle, (g) : validité du septième sous modèle et (h): validité du huitième sous modèle.

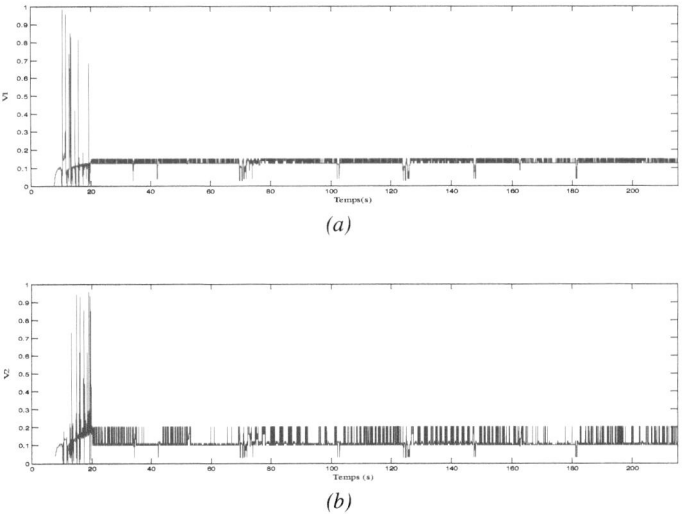

(a)

(b)

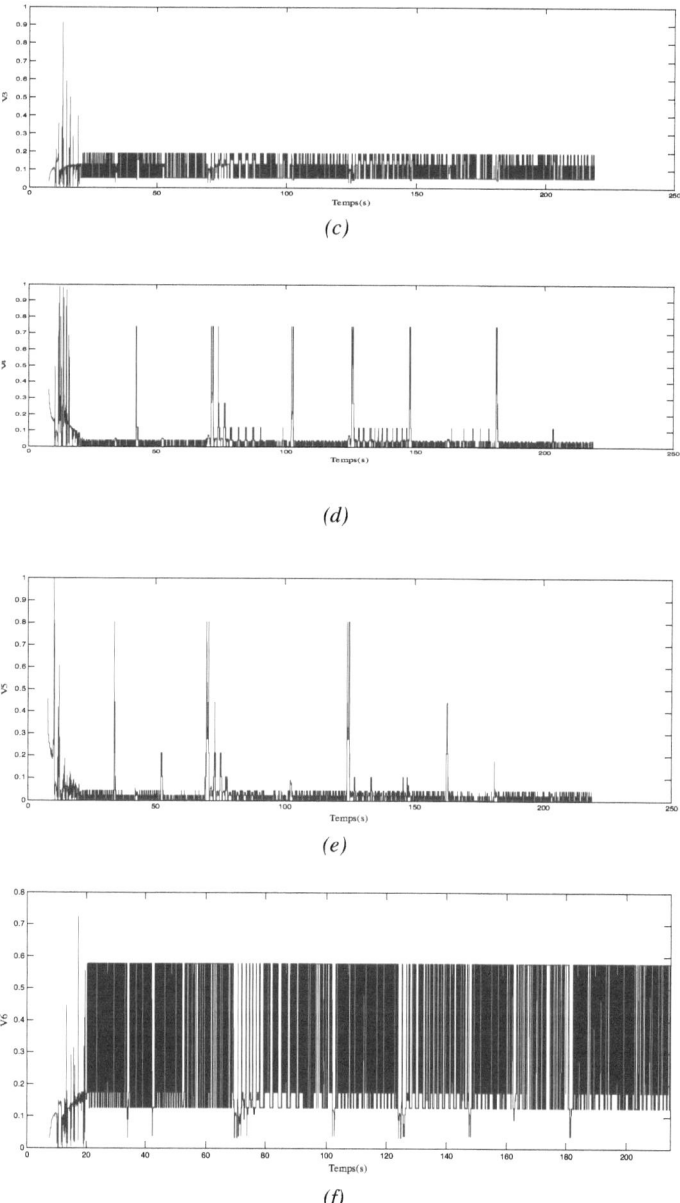

(c)

(d)

(e)

(f)

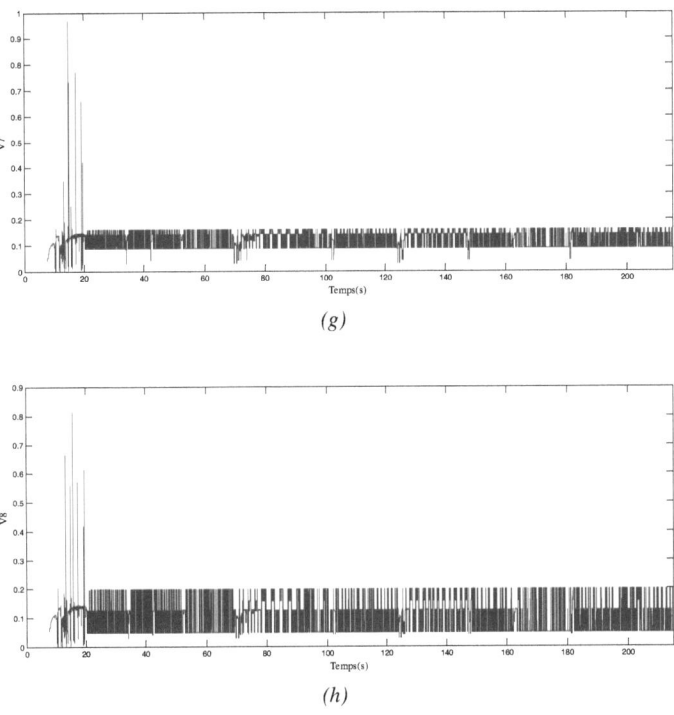

Figure II. 33 Les validités des sous modèles de courant : (a) : validité du premier sous modèle, (b) : validité du second sous modèle, (c) : validité du troisième sous modèle, (d) : validité du quatrième sous modèle, (e) : validité du cinquième sous modèle, (f) : validité du sixième sous modèle, (g) : validité du septième sous modèle et (h): validité du huitième sous modèle.

Les sorties du système réel et celles du multimodèle sont représentées dans les figures (II.34) et (II.35). Il est clair que la sortie du multimodèle suit la sortie réelle avec une erreur acceptable.

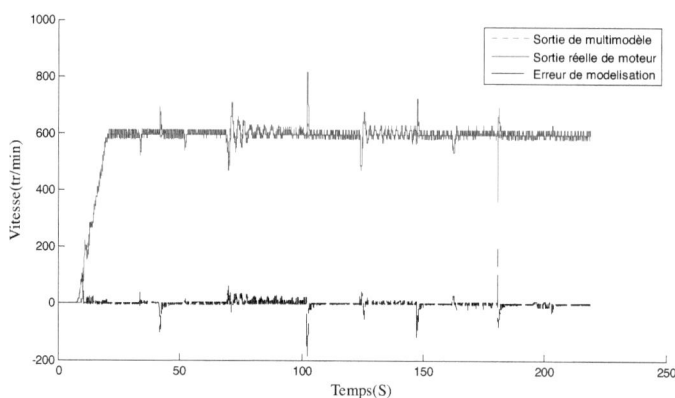

Figure II. 34 Sortie réelle et sortie du multi-modèle.

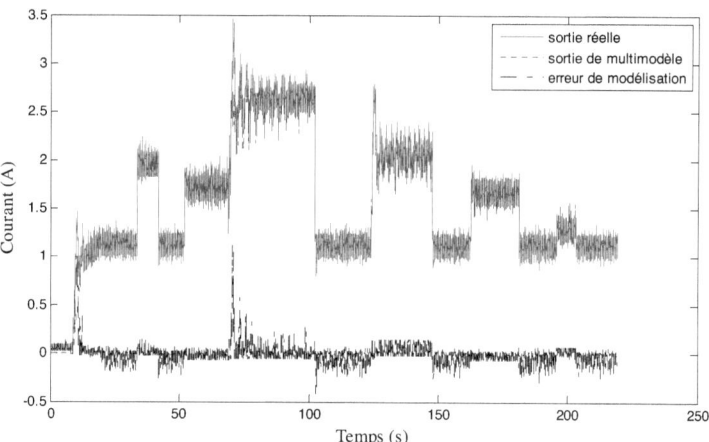

Figure II. 35 Sortie réelle et sortie du multi-modèle.

Les différents résultats obtenus expérimentalement pour la modélisation de la vitesse du moteur asynchrone nous permettent de constater qu'ils témoignent des bonnes performances de l'approche multimodèle de modélisation.

VI. Conclusion

Dans ce chapitre, deux types de modélisation de la machine asynchrone à double alimentation ont été présentés : une modélisation classique, représentant les équations mathématiques des différentes grandeurs de la MADA, dans les deux repères, triphasé et diphasé, d'une part, et une modélisation par approche multi-modèle, d'autre part.

La modélisation de la MADA est accompagnée d'une modélisation de l'onduleur qui l'alimente, ainsi que d'une implémentation de la commande scalaire qui contrôle la vitesse de la machine.

Les différentes étapes, constituant la stratégie de modélisation par approche multi-modèle, ont été validées expérimentalement sur une machine asynchrone à cage, autour d'un point de fonctionnement, en fonction des différents types de perturbations et d'insertion des charges.

Les différents résultats obtenus expérimentalement, et en simulation, montrent l'efficacité de l'approche proposée.

Ce multimodèle élaboré de la machine asynchrone à double alimentation, sera exploité ultérieurement pour la mise en œuvre d'un système de diagnostic des défauts de la machine.

Chapitre III
Diagnostic de la MADA par approche multimodèle

Diagnostic des défauts de la MADA par approche multimodèle

I. Introduction

Les machines électriques sont omniprésentes dans de nombreuses applications industrielles. Plus particulièrement, la machine asynchrone occupe une place plus en plus importante dans les dispositifs industriels à vitesse variable. Ces entrainements électriques sont couramment soumis à des risques liés au fonctionnement, à l'environnement ou à l'application qui en est faite. Attendu que toute perturbation affectant l'entraînement électrique peut amener à l'arrêt total de l'ensemble du processus et afin d'en garantir la sécurité et la sûreté de fonctionnement, il est nécessaire de mettre en œuvre un système de surveillance performant, capable de détecter, d'isoler, et d'estimer le défaut, voire de faire le diagnostic de tout dysfonctionnement des procédés industriels.

Le diagnostic par approche multimodèle peut être considéré comme une approche efficace parmi les différentes stratégies mises en œuvre pour la détection et la localisation des défauts affectant les systèmes non linéaires. Cette approche se base sur la conception et l'application des multiobservateurs. Dans cette optique, nous nous proposons d'appliquer cette approche pour la détection et l'isolation des différents défauts capteurs et actionneurs, qui peuvent affecter la machine asynchrone à double alimentation.

Dans ce chapitre, deux approches de détection et de localisation des défauts de la machine à double alimentation sont étudiées. Dans la première partie, nous envisageons d'appliquer une approche classique, qui consiste à détecter les défauts de la machine par un observateur de Lunberger. Dans la deuxième partie, l'accent sera mis sur l'application du diagnostic par l'approche multi-modèle. Pour ce faire, deux types de multiobservateurs sont mis en œuvre. L'un du type proportionnel, l'autre du type proportionnel intégral. Les deux multiobservateurs seront appliqués pour construire un système de diagnostic des défauts de la MADA suivie d'une validation expérimentale sur une machine asynchrone à cage.

II. Diagnostic de la MADA par un observateur Proportionnel classique
II.1 Principe de l'observateur de Luenberger

Soit un système linéaire décrit par (III.1).

$$\begin{cases} \dot{x} = Ax + Bu \\ y = Cx \end{cases} \quad (III.1)$$

L'objectif de l'observateur est la reconstruction de l'état x(t). La structure de l'observateur dont l'état estimé est $\hat{x}$(t), peut être exprimée par la relation (III.2).

$$\begin{cases} \dot{\hat{x}}(t) = A\hat{x}(t) + Bu + L(y(t) - \hat{y}(t)) \\ \hat{y}(t) = C\hat{x}(t) \end{cases} \quad (III.2)$$

Où $L \in R^n$ représente la matrice de gain de l'observateur.

Le principe de l'observateur est d'assurer la convergence de l'état observée vers l'état x du système observé tout en assurant la convergence de l'erreur d'estimation définie par (III.3).

$$e(t) = x(t) - \hat{x}(t) \quad (III.3)$$

La dynamique de l'erreur d'estimation peut s'écrire sous la forme (III.4).

$$\dot{e}(t) = \dot{x}(t) - \dot{\hat{x}}(t) = (A - LC)e(t) \quad (III.4)$$

Ainsi, afin de garantir une convergence asymptotique de l'erreur, il suffit de choisir le gain de l'observateur L de manière à ce que la matrice (A-LC) ait toutes ses valeurs propres à parties réelles strictement négatives.

Selon Luenberger [52], les valeurs propres de la matrice (A-LC) peuvent être fixées arbitrairement si et seulement si (A, C) est observable [21].

II.2. Détection et localisation des défauts de la MADA par l'observateur de Lunberger

Nous projetons dans cette partie de synthétiser un observateur de type Lunberger modifié, afin de l'appliquer à la détection des défauts de la machine à double alimentation. Ainsi, si l'on prend u= [v_{sd} v_{sq} v_{rd} v_{rq}] et x= [i_{sd} i_{sq} i_{rd} i_{rq}], le modèle mathématique de la MADA décrit dans le chapitre II par les relations (II.9), (II.10) et (II.11), peut se mettre en équations d'états selon le système d'équations(III.5).

$$\begin{cases} \dot{x} = (A_1 + A_2 w)x + Bu \\ y = Cx \end{cases} \quad (III.5)$$

Avec

$$A_1 = \begin{bmatrix} a_1 & a_2 & a_3 & a_4 \\ a_5 & a_6 & a_7 & a_8 \\ a_9 & a_{10} & a_{11} & a_{12} \\ a_{13} & a_{14} & a_{15} & a_{16} \end{bmatrix}, A_2 = \begin{bmatrix} 0 & \dfrac{a}{b} & 0 & \dfrac{M_{sr}}{bL_s} \\ -\dfrac{a}{b} & 0 & -\dfrac{aL_r}{bM_{sr}} & 0 \\ 0 & -\dfrac{M_{sr}}{L_rL_s} & 0 & -\dfrac{1}{L_r} \\ -\dfrac{M_{sr}}{L_rL_s} & 0 & \dfrac{1}{L_r} & 0 \end{bmatrix}, B = \begin{bmatrix} \dfrac{1}{L_s} & 0 & -\dfrac{M_{sr}}{L_rL_s} & 0 \\ 0 & \dfrac{1}{L_s} & 0 & -\dfrac{M_{sr}}{L_rL_s} \\ -\dfrac{M_{sr}}{L_rL_s} & 0 & \dfrac{1}{L_r} & 0 \\ 0 & -\dfrac{M_{sr}}{L_rL_s} & 0 & \dfrac{1}{L_r} \end{bmatrix},$$

$$C = \begin{bmatrix} 1 & 0 & 0 & 0 \\ 0 & 1 & 0 & 0 \\ 0 & 0 & 1 & 0 \\ 0 & 0 & 0 & 1 \end{bmatrix}$$

Avec

$a_1 = -\dfrac{R_s}{bL_s}$, $a_2 = w_s$, $a_3 = a\dfrac{R_r}{bM_{sr}}$, $a_4 = 0$, $a_5 = -w_s$, $a_6 = a_1$, $a_7 = \dfrac{aw_s(L_r - L_s)}{bM_{sr}}$, $a_8 = \dfrac{aR_r}{bM_{sr}}$,

$a_9 = \dfrac{aR_s}{bM_{sr}}$, $a_{10} = 0$, $a_{11} = -\dfrac{R_r}{bL_r}$, $a_{12} = w_s$, $a_{13} = 0$, $a_{14} = a_9$, $a_{15} = -w_s$, $a_{16} = a_{11}$.

$a = (M_{sr}M_{sr})/(L_rL_s)$, $b = 1-a$

Le modèle d'état de la machine asynchrone à double alimentation ainsi développé, est non linéaire, vu que les variables d'états dépendent fortement de la variation de la vitesse de rotation de la machine. Il s'avère alors difficile d'appliquer, d'une manière directe, l'observateur de Lunberger.

Considérant que la vitesse de rotation est constante, nous envisageons de reconstruire les états de la machine, ensuite, de détecter les différents défauts qui peuvent l'affecter.

L'équation d'état peut alors être écrite sous la forme (III.6).

$$\begin{cases} \dot{x} = A(w)x + Bu \\ y = Cx \end{cases} \qquad (III.6)$$

La dynamique d'erreur d'estimation, développée dans (III.4), est donc décrite par la relation (III.7).

$$\dot{e}(t) = (A(w) - LC)e(t) \qquad (III.7)$$

La matrice de gain L est alors choisie de façon à assurer des valeurs propres de la matrice (A(w)-LC) à parties réelles négatives.

La matrice de gain L est ajustée par placement des pôles, après plusieurs itérations de simulation, et pour une vitesse constante de l'ordre de 150 rad/s.

En cas de défauts survenus au niveau des différents capteurs de courant, les différents signaux de sortie et ceux estimés sont représentés dans les figures (III.1).

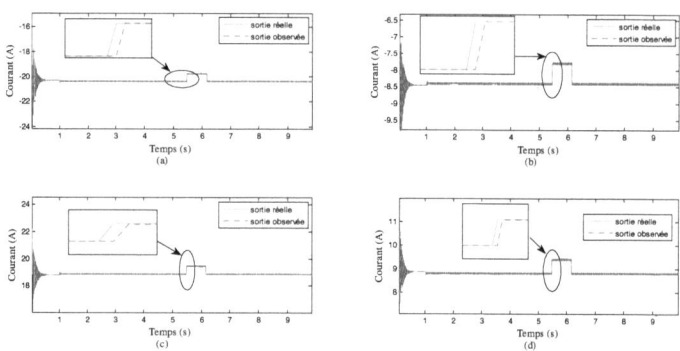

FigureIII.1 Evolution des courants du moteur et ceux estimés avec défauts capteurs (a) : courant isd, (b) : courant isq, (c) : courant ird et (d) : courant irq.

On remarque que l'observateur ne permet pas de détecter les différents défauts survenus aux courants de la machine.

En effet, pour des défauts de type gain, appliqués aux capteurs de courants indiqués par des flèches dans la figure(III.1), on applique l'observateur de Lunberger. Les courants observés générés suivent les sorties réelles, avec défauts, mais avec retard.

Si l'on varie la valeur de la vitesse à w =200 rad/s, les différents résultats des comparaisons des sorties réelles avec celles observées, sont donnés par la figure (III.2).

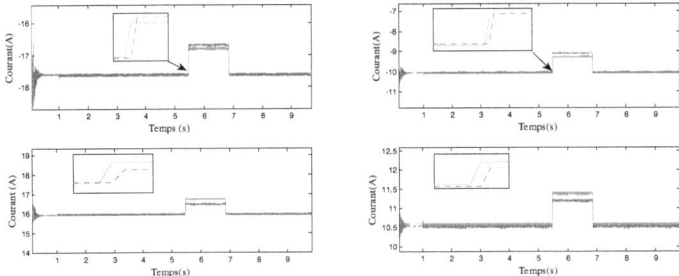

Figure III.2 Evolutions des courants du moteur et ceux estimés avec défauts capteurs pour une vitesse de 200rad/s.

Les sorties observées ont un retard et une erreur statique vis-à-vis des signaux de sortie réelles.

Le gain de l'observateur est ajusté à chaque valeur de vitesse pour qu'il garantisse des valeurs propres de la matrice (A(w)-LC) à parties réelles négatives, ce qui rend la tâche de détection des défauts difficile.

La limite de l'observateur de Lunberger nous incite à chercher d'autres solutions, plus efficaces, pour l'estimation et la détection des différents défauts de la MADA.

Parmi les approches efficaces du diagnostic signalons l'utilisation de l'approche multimodèle.

III. Diagnostic de MADA par approche multi-modèle

Dans cette partie, nous projetons d'appliquer l'approche multi-modèle pour la détection et la localisation des défauts de la machine asynchrone à double alimentation en boucle fermée. L'application de cette approche exige la construction de multiobservateurs capables de détecter les défauts de la machine.

III.1. Principe du multiobservateur

Comme premier essai de création d'un multiobservateur, comme interpolation non linéaire d'un ensemble d'observateurs locaux, Tanaka et al [53] ont élaboré de nouvelles conditions de stabilité pour une catégorie de systèmes non linéaires, décrits par un multimodèle, pour la conception d'un multiobservateur [54]-[57]. Ainsi, pour concevoir le multiobservateur, à chaque modèle local est associé un observateur local. Le multiobservateur (observateur global) est alors la somme des observateurs locaux, pondérée par des fonctions d'activation ou validités, qui définissent la contribution de chaque observateur local à la création du multiobservateur.

Plusieurs multiobservateurs ont été synthétisés dans la littérature, tels que le multiobservateur à structure variable (à mode glissant), capable, en présence d'entrées inconnues, d'estimer les vecteurs d'état et de sortie. Le principe est basé sur l'élimination partielle des entrées inconnues en les isolant dans une partie de l'équation d'état.

Les multiobservateurs à gain proportionnel, et à gain proportionnel intégral, ont été traités par plusieurs travaux, pour les systèmes non linéaires représentés par multimodèle à états couplés, par [58] et pour les multimodèles à états découplés par [35], [51] et [59].

III.2. Conception des multiobservateurs et observabilité

L'idée consiste à exploiter la structure du multimodèle découplé, en vue de concevoir une stratégie de détection et de localisation des défauts à base d'observateurs. Le principe de synthèse d'un multiobservateur consiste à construire un observateur local pour chaque sous système. Ainsi, l'observateur global est une combinaison des observateurs locaux. Un tel observateur permet l'application des techniques de conception et d'analyse des observateurs linéaires existants.

Considérons le multimodèle à états découplés, décrit dans (II.1), la structure de ce multimodèle à états découplés est modifiée pour mettre en considération les défauts affectant le système modélisé, par le vecteur des entrées inconnues.

$$\begin{cases} x_i(k+1) = A_i x_i(k) + B_i u(k) + D_i + E_i f(k) \\ y_i(k) = C_i x_i(k) \\ y(k) = \sum_{i=1}^{N} V_i(k) y_i(k) + M f(k) \end{cases} \quad (\text{III.8})$$

Avec $f(t)$ comme vecteur d'entrées inconnues et M et D_i comme respectivement, l'effet des entrées inconnues sur la sortie et les états du système.

Dans l'hypothèse où les défauts f varieraient lentement, des multiobservateurs peuvent ainsi être synthétisés, afin d'estimer l'amplitude des défauts.

III.2.1. Conception d'un multiobservateur à gain proportionnel P

Soit un multimodèle à états découplés représenté sous la forme décrite dans (III.9).

$$\begin{cases} x_i(k+1) = A_i x_i(k) + B_i u(k) + D_i \\ y_i(k) = C_i x_i(k) \\ y(k) = \sum_{i=1}^{N} V_i(k) y_i(k) \end{cases} \quad (III.9)$$

Avec $x_i(k) \in R^{ni}$, $y_i(k) \in R^p$ et $u(k)$ sont respectivement, l'état, le vecteur de sortie du i^{ème} sous modèle et le vecteur d'entrée.

$V_i(k)$ est la i^{ème} validité correspond au i^{ème} sous modèle.

$$\begin{cases} \sum_{i=1}^{N} V_i(k) = 1 \\ 0 \leq V_i(k) \leq 1 \quad \forall i \in \{1, 2, ..., N\} \end{cases} \quad (III.10)$$

A supposer que les validités soient connues et mesurables, et que les sous modèles soient localement observables, la structure du multiobservateur de type Lunberger peut être représentée par le système d'équations (III.11).

$$\begin{cases} \hat{x}_i(k+1) = A_i \hat{x}_i(k) + B_i u(k) + G_i(y(k) - \hat{y}(k)) \\ \hat{y}_i = C_i \hat{x}_i \\ \hat{y}(k) = \sum_{i=1}^{N} V_i \hat{y}_i \end{cases} \quad (III.11)$$

Où $\hat{x}(t)$ représente le vecteur d'état estimé par le multiobservateur, $\hat{y}(t)$ est le vecteur de sortie estimées et $\{G_i, i = 1, ..., N\}$ sont les gains des observateurs locaux.

Les fonctions de validité V_i sont calculées par les mêmes relations (II.21) utilisées pour la modélisation du multimodèle.

On définit un résidu d'estimation local par la relation (III.12).

$$r_i = \|y - \hat{y}_i\| \quad (III.12)$$

La validité normalisée est alors exprimée par la relation (III.13).

$$v_{rni} = \frac{v_{ri}}{\sum_{i=1}^{N} v_{ri}} \quad (III.13)$$

Avec

$$v_{ri} = v_i \prod_{j=1, j \neq i}^{N} (1 - e^{-\left(\frac{r_j}{\sigma}\right)^2}) \qquad (III.14)$$

L'équation (III.14) peut être réécrite par le système d'équations (III.15).

$$\begin{cases} \dot{\hat{x}} = \sum_{i=1}^{N} V_i \left(A_i - G_i C_i \hat{x}_i \right) + \sum_{i=1}^{N} V_i B_i u + \sum_{i=1}^{N} V_i G_i y \\ \hat{y} = \sum_{i=1}^{N} V_i C_i \hat{x}_i \end{cases} \qquad (III.15)$$

Il convient de souligner à ce niveau que les sorties des sous modèles y_i doivent être considérées comme «des signaux artificiels» utilisés pour décrire le comportement non linéaire du système réel. Ainsi, ces signaux ne peuvent pas être utilisés pour concevoir un observateur, c'est pourquoi il est fondamental de mettre en place un système étendu, avec la forme décrite en (III.16) et (III.17).

$$\begin{cases} \tilde{x}(k+1) = \tilde{A}\tilde{x}(k) + \tilde{B}u(k) + \tilde{D} \\ \tilde{y}(k) = \tilde{C}(k)\tilde{x}(k) \end{cases} \qquad (III.16)$$

Avec

$$\begin{cases} \tilde{x}(k) = [x_1^T(k)...x_i^T(k)...x_N^T(k)]^T \in \mathbb{R}^n, n = \sum_{i=1}^{N} n_i \\ \tilde{A} = diag\{A_1,...,A_N\} \in \mathbb{R}^{n \times n}, \\ \tilde{B} = [B_1^T,...,B_N^T]^T \in \mathbb{R}^{n \times m}, \\ \tilde{D} = [D_1^T,...,D_N^T]^T \in \mathbb{R}^{n \times m}, \\ \tilde{C}(k) = \sum_{i=1}^{N} V_i(k)\tilde{C}_i \in \mathbb{R}^{p \times n}, \\ \tilde{C}_i = [0...C_i...0] \end{cases} \qquad (III.17)$$

Ainsi, les équations du multiobservateur de système augmenté, deviennent sous la forme (III.18).

$$\begin{cases} \tilde{\hat{x}}(k+1) = \tilde{A}\tilde{x}(k) + \tilde{B}u(k) + G(\tilde{y}(k) - \hat{\tilde{y}}(k)) \\ \hat{\tilde{y}}(k) = \tilde{C}(k)\hat{\tilde{x}}(k) \end{cases} \qquad (III.18)$$

La synthèse du multiobservateur vise à déterminer la matrice gain G, tout en minimisant l'erreur d'estimation définie par :

$$e_x = \hat{\tilde{x}}(k) - \tilde{x}(k) \qquad (III.19)$$

L'erreur d'estimation est asymptotiquement stable, si le multimodèle est stable ; pour cela, les gains du multiobservateur doivent être ajustés pour assurer la stabilité de l'équation décrite par (III.20):

$$\tilde{A} - G\tilde{C}(k) \tag{III.20}$$

Les conditions de stabilité peuvent être assurées par application de l'approche de Lyapunov, qui consiste à définir une fonction exprimée par (III.21).

$$V(e(k)) = e^T(k)Pe(k), P > 0 \quad P = P^T \tag{III.21}$$

La convergence exponentielle de l'erreur d'estimation est garantie, s'il existe une matrice P, symétrique, définie positive, et un scalaire positif α, vérifiant la condition (III.22).

$$\Delta V(e(k)) + 2\alpha V(e(k)) < 0 \tag{III.22}$$

Avec

$$\Delta V(e(k)) = V(e(k+1)) - V(e(k))$$

Le modèle global est alors asymptotiquement stable, s'il existe une matrice commune P définie positive, et une matrice M, vérifiant les inégalités suivantes :

$$\begin{bmatrix} (1-2\alpha)P & \tilde{A}^T P - \tilde{C}_i^T M^T \\ P\tilde{A} - M\tilde{C}_i & P \end{bmatrix} > 0, \quad \forall i \in \{1,...,N\} \tag{III.23}$$

Avec $0 < \alpha < 0.5$

La matrice gain peut alors être calculée via la relation (III.24).

$$G = P^{-1}M \tag{III.24}$$

Avec $G = [G_1^T, ..., G_N^T]^T$

La stabilité de l'erreur d'estimation est alors vérifiée, si les matrices gains G_i sont déterminées tout en prenant en considération les conditions LMI, générées.

III.2.2. Multiobservateur de type PI

La conception d'un observateur du type PI, est utilisée dans le but d'améliorer l'estimation d'état, vis-à-vis des variations paramétriques, ou des perturbations qui affectent les multimodèles à états découplés [54] et [59].

L'observateur PI, à gain proportionnel-intégral, utilise l'influence de l'erreur de reconstruction de la sortie pour l'estimation simultanée de l'état et des entrées inconnues avec un effet proportionnel, reposant sur une correction de l'estimation d'état, à partir de l'erreur d'estimation entre les sorties mesurées et les sorties estimées. En présence de perturbations, ou de défauts, l'effet proportionnel, seul, s'avère insuffisant pour faire face à ces difficultés. Pour cela, un effet intégral est indispensable pour permettre d'effectuer une correction proportionnelle à l'écart de l'intégrale des sorties mesurées, et des sorties estimées, afin d'estimer les différents types de défauts considérés comme des entrées inconnues.

Le multiobservateur PI est une extension de l'observateur PI à gain proportionnel-intégral, appliqué sur un multimodèle à états découplés.

La structure de l'observateur se présente sous la forme (III.25).

$$\begin{cases} \hat{x}_i(k+1) = A_i\hat{x}_i(k) + B_i u(k) + D_i + E_i \hat{f}(k) + K_{pi}(y(k) - \hat{y}(k)) \\ \hat{f}(k+1) = \hat{f}(k) + \sum_{i=1}^{N} V_i(k) K_I (y(k) - \hat{y}(k)) \\ \hat{y}(k) = \sum_{i=1}^{N} V_i C_i \hat{x}_i(k) + M\hat{f}(k) \end{cases} \quad \text{(III.25)}$$

Où $\hat{x}_i(k)$ et $\hat{y}(k)$ sont, respectivement, l'estimation du vecteur d'état et la sortie reconstruite par l'observateur et où $\hat{f}(k)$ est l'estimation du vecteur des entrées inconnues.

La synthèse de l'observateur consiste à chercher les matrices gains K_{Pi} qui assurent une correction proportionnelle à l'erreur d'estimation de la sortie ($y(k) - \hat{y}(k)$) et K_I qui assurent une correction intégrale, permettant d'estimer l'entrée inconnue, à condition que cette dernière soit constante au cours du temps, ou variant faiblement.

Les sorties des sous modèles $y_i(k)$, utilisées comme signaux artificiels, pour décrire le comportement global du système, sont non exploitables pour la supervision de l'observateur, alors que seulement la sortie totale du multimodèle, vu qu'elle est accessible à la mesure, peut être représentée par une grandeur physique. Ainsi, un système augmenté, défini par (III.26) et (III.27) est introduit.

$$\begin{cases} \tilde{x}(k+1) = \tilde{A}\tilde{x}(k) + \tilde{B}u(k) + \tilde{D} + \tilde{E}f(k) \\ \tilde{y}(k) = \tilde{C}(k)\tilde{x}(k) + \tilde{M}f(k) \end{cases} \quad \text{(III.26)}$$

Où

$$\begin{cases} \tilde{x}(k) = [x_1^T(k) \ldots x_i^T(k) \ldots x_N^T(k)]^T \in \mathbf{R}^n, n = \sum_{i=1}^{N} n_i \\ \tilde{A} = diag\{A_1, \ldots, A_N\} \in \mathbf{R}^{n \times n}, \\ \tilde{B} = [B_1^T, \ldots, B_N^T]^T \in \mathbf{R}^{n \times m}, \\ \tilde{D} = [D_1^T, \ldots, D_N^T]^T \in \mathbf{R}^{n \times l} \\ \tilde{E} = [E_1^T, \ldots, E_N^T]^T \in \mathbf{R}^{n \times m}, \\ \tilde{C}(k) = \sum_{i=1}^{N} V_i(k)\tilde{C}_i \in \mathbf{R}^{p \times n}, \\ \tilde{C}_i = [0 \ldots C_i \ldots 0] \end{cases} \quad (III.27)$$

L'erreur d'estimation d'état entre le système augmenté et l'observateur e(k), ainsi que l'erreur entre le vecteur d'entrées inconnues et celui estimé ε(k), sont définies par (III.28).

$$\begin{aligned} e(k) &= \tilde{x}(k) - \hat{\tilde{x}}(k) \\ \varepsilon(k) &= f(k) - \hat{f}(k) \end{aligned} \quad (III.28)$$

Tenir compte de la faible variation des entrées inconnues $f(k+1) - f(k)$

$$\begin{bmatrix} e(k+1) \\ \varepsilon(k+1) \end{bmatrix} = \begin{bmatrix} \tilde{A} - \tilde{K}_P \tilde{C}(k) & \tilde{D} - \tilde{K}_P M \\ -K_I \tilde{C}(k) & I - K_I M \end{bmatrix} \begin{bmatrix} e(k) \\ \varepsilon(k) \end{bmatrix} \quad (III.29)$$

En prenant en compte la définition du système augmenté, l'erreur augmentée peut être exprimée par (III.30).

$$e_a(k+1) = (A_a - K_a C_a(k))e_a(k), \quad (III.30)$$

Avec

$$\begin{cases} e_a(k) = \begin{bmatrix} e(k) \\ \varepsilon(k) \end{bmatrix}, \\ K_a = \begin{bmatrix} \tilde{K}_P \\ K_I \end{bmatrix} \text{ et } \tilde{K}_P = [K_{P1}^T, \ldots, K_{PN}^T]^T \\ C_a(k) = \begin{bmatrix} \tilde{C}(k) & M \end{bmatrix} \\ A_a = \begin{bmatrix} \tilde{A} & \tilde{D} \\ 0 & I \end{bmatrix} \end{cases}$$

La convergence de l'erreur d'estimation peut être garantie par l'application de l'approche de Lyapunov, tout en décrivant une fonction candidate.

$$V(e_a(k)) = e_a^T(k) P e_a(k), P > 0, P = P^T \quad (III.31)$$

La convergence exponentielle de l'erreur d'estimation est garantie, s'il existe une matrice P, symétrique, définie, positive, vérifiant les conditions suivantes :

$$\Delta V(e(k)) + 2\alpha V(e(k)) < 0 \tag{III.32}$$

Avec

$$\Delta V(e(k)) = V(e(k+1)) - V(e(k))$$

Donc,

$$\Delta V(e_a(k)) = \Delta e_a^T(k) P e_a(k) + e_a^T(k) P \Delta e_a(k) \tag{III.33}$$

La dynamique de l'erreur décrite en (III.34) est alors exprimée par (III.35).

$$\Delta e_a(k) = A_o e_a(k) \tag{III.34}$$

Avec

$$A_o = (A_a - K_a C_a(k)) \tag{III.35}$$

Ainsi,

$$\Delta V(e_a(k)) = (A_o e_a(k))^T P e_a(k) + e_a^T(k) P (A_o e_a(k)) \tag{III.36}$$

Alors, la condition (III.37) doit être vérifiée.

$$(A_o e_a(k))^T P e_a(k) + e_a^T(k) P (A_o e_a(k)) + 2\alpha (e_a(k)^T P e_a(k)) < 0 \tag{III.37}$$

Elle est écrite sous une forme quadratique en ea(k) (III.38).

$$e_a(k)^T (A_o^T P + P A_o + 2\alpha P) e_a(k) < 0 \tag{III.38}$$

Cette relation est vérifiée, si la condition (III.39) est remplie.

$$A_o^T P + P A_o + 2\alpha P < 0 \tag{III.39}$$

La matrice A_o, décrite précédemment, peut être définie par l'expression (III.40).

$$A_o = \sum_{i=1}^{N} V_i \left(A_a - K_a \left[\tilde{C}_i(k) \quad M \right] \right) \tag{III.40}$$

En remplaçant la matrice A_o par son expression, décrite en (III.40), aux conditions LMI qui peuvent être résumées par le théorème (1)

Théorème (1) [60]:

La convergence exponentielle de l'erreur d'estimation entre le multimodèle et la sortie de l'observateur PI est garantie, s'il existe une matrice P, définie, symétrique, positive, et une matrice G vérifiant les LMI suivantes (III.41).

$$\begin{bmatrix} (2\alpha - 1)P & \bar{C}_i^T G^T - A_a P \\ G\bar{C}_i - P A_a & -P \end{bmatrix} < 0, \; i=1,\ldots,N \tag{III.41}$$

Où

$$A_a = \begin{bmatrix} \tilde{A} & \tilde{D} \\ 0 & I \end{bmatrix}, \quad \overline{C}_i(k) = [\tilde{C}_i(k) \ M]$$

(III.42)

Et où α est le taux de décroissance, qui sert à quantifier la vitesse de convergence de l'erreur d'estimation, souvent $0 < \alpha < 0.5$

Les matrices gains de l'observateur PI sont données alors par la relation(III.43).

$$K_a = P^{-1}G \tag{III.43}$$

III.2.3 Etude d'observabilité

Compte tenu de l'importance de la connaissance des variables d'états, pour déterminer une loi de commande, ou pour détecter les défauts d'un système, plusieurs outils sont conçus pour reconstruire cet état. Une telle construction fait soulever le problème d'observabilité, qui consiste à chercher les conditions sous lesquelles il est possible de concevoir l'état d'un système, en fonction des entrées et sorties.

Dans le cas linéaire, le problème d'observabilité du système dépend du rang de la paire (A, C) tout en calculant la matrice d'observabilité O (III.45) qui doit satisfaire à la condition (III.44).

$$rang(O) = n, \tag{III.44}$$

Avec

$$O = \begin{bmatrix} C \\ CA \\ \vdots \\ CA^{n-1} \end{bmatrix} \tag{III.45}$$

Dans le cas d'un système décrit par un multimodèle découplé, l'observabilité du multiobservateur est garantie, si tous les sous modèles sont localement observables. Ainsi, pour chaque couple (A_i, C_i), la condition d'observabilité (III.46) doit être vérifiée.

$$rang(O_i) = n_i, \forall i = 1 \ldots N \tag{III.46}$$

Avec,

$$O_i = \begin{bmatrix} C_i \\ C_i A_i \\ \vdots \\ C_i A_i^{n-1} \end{bmatrix} \qquad (III.47)$$

III.2. Application à la détection et l'isolation des défauts de la MADA

Pour mettre en œuvre un système de détection des défauts de la MADA, à base de multiobservateur, le multimodèle de celle-ci, étudié dans le chapitre II, par la méthode de classification proposée, doit être préalablement utilisé pour la mise en équation d'état.

III.2.1. Mise en équations d'état du multimodèle de la MADA.

La modélisation par approche multimodèle de la machine à double alimentation a été effectuée dans le chapitre II. La machine est commandée par un contrôle scalaire V/f, appliqué au niveau de l'onduleur à MLI, associé au rotor. La modélisation a été appliquée sur la machine saine.

Le système étant décrit par une représentation multimodèle à états découplés, la mise en équations d'état du système est donnée par le système d'équations (III.48).

$$\begin{cases} x_i(k) = [v_i(k) \ \text{ird}_i(k) \ \text{irq}_i(k)]^T, \\ y_i(k) = C_i x_i(k), \ \forall \ i=1,..,N \\ u(k) = F_r(k) \\ N=6 \end{cases} \qquad (III.48)$$

Avec,

$$A_1 = \begin{bmatrix} 0,952 & 0 & 0 & 0 \\ 0 & 0,889 & 0 & 0 \\ 0 & 0 & 0,647 & 0,226 \\ 0 & 0 & 1 & 0 \end{bmatrix}, \quad A_2 = \begin{bmatrix} 0,949 & 0 & 0 & 0 \\ 0 & 0,990 & 0 & 0 \\ 0 & 0 & 0,694 & 0,209 \\ 0 & 0 & 1 & 0,800 \end{bmatrix}, \quad A_3 = \begin{bmatrix} 0,948 & 0 & 0 & 0 & 0 \\ 0 & 0,972 & 0 & 0 & 0 \\ 0 & 0 & 0,657 & 0,151 & 0,0902 \\ 0 & 0 & 1 & 0 & 0 \\ 0 & 0 & 0 & 1 & 0 \end{bmatrix},$$

$$A_4 = \begin{bmatrix} 0,943 & 0 & 0 & 0 & 0 & 0 \\ 0 & 0,803 & 0,114 & 0 & 0 & 0 \\ 0 & 1 & 0 & 0 & 0 & 0 \\ 0 & 0 & 0 & 0,716 & 0,094 & 0,107 \\ 0 & 0 & 0 & 1 & 0 & 0 \\ 0 & 0 & 0 & 0 & 1 & 0 \end{bmatrix}, \quad A_5 = \begin{bmatrix} 0,991 & 0 & 0 & 0 & 0 \\ 0 & 0,966 & 0 & 0 & 0 \\ 0 & 0 & 0,902 & 0,066 & -0,012 \\ 0 & 0 & 1 & 0 & 0 \\ 0 & 0 & 0 & 1 & 0 \end{bmatrix}, \quad A_6 = \begin{bmatrix} 0,996 & 0 & 0 & 0 \\ 0 & 0,818 & 0 & 0 \\ 0 & 0 & 0.836 & 0,110 \\ 0 & 0 & 1 & 0 \end{bmatrix}$$

$$B1 = \begin{bmatrix} 0,005 \\ 0,001 \\ 0,056 \\ 0 \end{bmatrix}, \quad B2 = \begin{bmatrix} 0,005 \\ 0,097 \\ 0,062 \\ 0 \end{bmatrix}, \quad B3 = \begin{bmatrix} 0,006 \\ 0,003 \\ 0,073 \\ 0 \\ 0 \end{bmatrix}, \quad B4 = \begin{bmatrix} 0,006 \\ -0,0008 \\ 0 \\ 0,082 \\ 0 \\ 0 \end{bmatrix}, \quad B5 = \begin{bmatrix} 0,012 \\ 0,005 \\ 0,083 \\ 0 \\ 0 \end{bmatrix}, \quad B6 = \begin{bmatrix} 0,008 \\ 0,0005 \\ 0,0975 \\ 0 \end{bmatrix}$$

$$C1 = \begin{bmatrix} 1 & 0 & 0 & 0 \\ 0 & 1 & 0 & 0 \\ 0 & 0 & 1 & 0 \end{bmatrix}, \quad C2 = C1, \quad C3 = \begin{bmatrix} 1 & 0 & 0 & 0 & 0 \\ 0 & 1 & 0 & 0 & 0 \\ 0 & 0 & 1 & 0 & 0 \end{bmatrix}, \quad C4 = \begin{bmatrix} 1 & 0 & 0 & 0 & 0 & 0 \\ 0 & 1 & 0 & 0 & 0 & 0 \\ 0 & 0 & 0 & 1 & 0 & 0 \end{bmatrix},$$

$$C5 = \begin{bmatrix} 1 & 0 & 0 & 0 & 0 \\ 0 & 1 & 0 & 0 & 0 \\ 0 & 0 & 1 & 0 & 0 \end{bmatrix}, \quad C6 = \begin{bmatrix} 1 & 0 & 0 & 0 \\ 0 & 1 & 0 & 0 \\ 0 & 0 & 1 & 0 \end{bmatrix}$$

$$D1 = \begin{bmatrix} 6,371 \\ 1,959 \\ -1,935 \\ 0 \end{bmatrix}, \quad D2 = \begin{bmatrix} 5,697 \\ 0,916 \\ -4,625 \\ 0 \end{bmatrix}, \quad D3 = \begin{bmatrix} 8,000 \\ 0,112 \\ 1,698 \\ 0 \\ 0 \end{bmatrix},$$

$$D4 = \begin{bmatrix} 5,284 \\ 2,663 \\ 0 \\ 4,581 \\ 0 \\ 0 \end{bmatrix}, \quad D5 = \begin{bmatrix} 1,806 \\ 2,098 \\ 4,463 \\ 0 \\ 0 \end{bmatrix}, \quad D6 = \begin{bmatrix} 0,088 \\ 1,979 \\ -4,776 \\ 0 \end{bmatrix}$$

A. Etude de la stabilité du multimodèle :

Compte tenu de la représentation multimodèle découplée de la machine, ce modèle peut être représenté par sa forme augmentée, définie en (III.26). On peut aisément vérifier les conditions qui garantissant la stabilité du multimodèle à partir de l'étude des valeurs propres de la matrice augmentée Ã, vu que la matrice est une matrice par blocs diagonale, constituée des valeurs propres des matrices A_i. On remarque bien que les valeurs propres, de toutes les matrices A_i de système considéré se situent à l'intérieur du cercle unité, comme c'est vérifié en (III.49).

Par conséquent la matrice assure bien la stabilité du multimodèle de la machine.

$Vp(\tilde{A}) = [[Vp1][Vp2]]$
$Vp1 = [-0,111-0,319i\ -0,111-0,319i\ 0,938\ -0,2514\ 0,8991\ 0,953\ -0,1164\ -0,2273\ 0,9219\ 0,9581\ -0,1433\ 0,0873\ 0,9256\ -0,1342\ ]$ (III.49)
$Vp2 = [-0,2819i\ -0,1342+0,2819i\ -0,1238\ 0,9276\ 0,9526\ 0,8892\ 0,9495\ 0,9900\ 0,9488\ 0,9720\ 0,9430\ 0,9910\ 0,9661\ 0,9968\ 0,8183]$

Ces conditions de stabilité sont en effet les résultats d'un théorème général de stabilité relatif aux systèmes non linéaires, qui consiste à considérer qu'un système est asymptotiquement stable, s'il existe une matrice symétrique, définie positive P, de façon que les LMI (III.50) ou (III.51) soient vérifiés.

-En cas de système à temps continu

$A^T P + PA < 0$ (III.50)

-En cas de système à temps discret

$A^T PA + P < 0$ (III.51)

D'où la possibilité de vérification de la condition (III.52) en temps discret.

$\exists P_i > 0,\ P_i^T = P_i,\ \tilde{A}_i^T P_i \tilde{A}_i + P_i < 0 \quad \forall\ i=1,\ldots,L.$ (III.52)

Du moment qu'il est possible de représenter le multimodèle par sa forme augmentée, la matrice $\tilde{A}$ est la concaténation de toutes les matrices A_i (III.53).

$$\tilde{A} = \begin{bmatrix} A_1 & 0 & \cdots & 0 \\ 0 & A_2 & 0 & \vdots \\ \vdots & & \ddots & 0 \\ 0 & \cdots & 0 & A_L \end{bmatrix}$$ (III.53)

De ce fait, il est facile de vérifier l'inégalité (III.54).

$\tilde{A}^T P \tilde{A} + P < 0$ (III.54)

Ainsi, nous pouvons admettre que le multimodèle découplé est asymptotiquement stable si et seulement s'il existe une matrice symétrique, définie positive P, de façon que le LMI (III.55) soit respecté.

$\exists P > 0,\ P^T = P,\ \tilde{A}^T P \tilde{A} + P < 0$ (III.55)

C'est-à-dire que le multimodèle est stable, si et seulement si, tous les modèles locaux sont stables, comme le précise le théorème (1).

Théorème 1. [60] et [35] Le multimodèle découplé à temps discret, est stable, si et seulement si, les valeurs propres de la matrice $\tilde{A}$ se situent à l'intérieur du cercle unité, c.-à-d s'il existe une matrice $P=P^T>0$ telle que

$$\tilde{A}^T P \tilde{A} + P < 0 \tag{III.56}$$

En résolvant les différents LMI qui permettent de garantir la stabilité de la MADA, nous vérifions l'existence de la matrice P, définie positive, dont le vecteur des valeurs propres est donné par (III.57). Nous remarquons que toutes les valeurs de P sont strictement positives, ce qui signifie que P est strictement définie positive.

$$V_p(P) = \left[[P_1][P_2] \right] \tag{III.57}$$

Avec

$[P_1] = [21{,}004\ 20{,}828\ 20{,}570\ 19{,}799\ 19{,}751\ 19{,}730\ 19{,}730\ 19{,}730\ 19{,}730\ 16{,}988\ 16{,}078\ 15{,}904\ 15{,}837\ 15{,}444]$

$[P_2] = [15{,}280\ 14{,}907\ 14{,}690\ 14{,}524\ 14{,}209\ 14{,}134\ 14{,}124\ 14{,}101\ 14{,}084\ 13{,}912\ 13{,}836\ 13{,}608\ 13{,}596\ 13{,}522]$

La représentation des pôles du multimodèle dans la figure (III.3) montre la stabilité du multimodèle, puisque tous les pôles sont à l'intérieur du cercle d'unité.

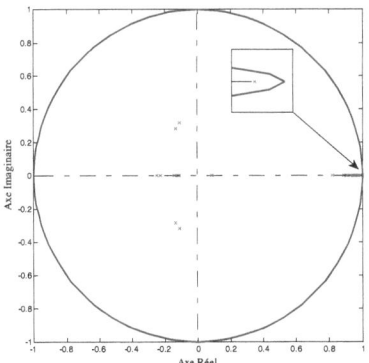

Figure III. 3Les pôles du multimodèle.

B. Etude d'observabilité du multimodèle

Considérons la relation définie en (III.46), tout en vérifiant les conditions exigées sur les rangs des matrices d'observabilité O_i des sous modèles (III.47). Le calcul de ces derniers a abouti à la relation (III.58).

$$O_1 = \begin{bmatrix} 1 & 0 & 0 & 0 \\ 0 & 1 & 0 & 0 \\ 0 & 0 & 1 & 0 \\ 0,952 & 0 & 0 & 0 \\ 0 & 0,889 & 0 & 0 \\ 0 & 0 & 0,647 & 0,226 \\ 0,907 & 0 & 0 & 0 \\ 0 & 0,790 & 0 & 0 \\ 0 & 0 & 0,645 & 0,146 \\ 0,864 & 0 & 0 & 0 \\ 0 & 0,703 & 0 & 0 \\ 0 & 0 & 0,564 & 0,145 \end{bmatrix}, O_2 = \begin{bmatrix} 1 & 0 & 0 & 0 \\ 0 & 1 & 0 & 0 \\ 0 & 0 & 1 & 0 \\ 0,949 & 0 & 0 & 0 \\ 0 & 0,990 & 0 & 0 \\ 0 & 0 & 0,694 & 0,209 \\ 0,901 & 0 & 0 & 0 \\ 0 & 0,980 & 0 & 0 \\ 0 & 0 & 0,691 & 0,145 \\ 0,856 & 0 & 0 & 0 \\ 0 & 0,970 & 0 & 0 \\ 0 & 0 & 0,626 & 0,144 \end{bmatrix}, O_3 = \begin{bmatrix} 1 & 0 & 0 & 0 & 0 \\ 0 & 1 & 0 & 0 & 0 \\ 0 & 0 & 1 & 0 & 0 \\ 0,948 & 0 & 0 & 0 & 0 \\ 0 & 0,972 & 0 & 0 & 0 \\ 0 & 0 & 0,657 & 0,150 & 0,090 \\ 0,900 & 0 & 0 & 0 & 0 \\ 0 & 0,944 & 0 & 0 & 0 \\ 0 & 0 & 0,582 & 0,189 & 0,059 \\ 0,854 & 0 & 0 & 0 & 0 \\ 0 & 0,918 & 0 & 0 & 0 \\ 0 & 0 & 0,572 & 0,147 & 0,052 \end{bmatrix},$$

$$O_4 = \begin{bmatrix} 1 & 0 & 0 & 0 & 0 & 0 \\ 0 & 1 & 0 & 0 & 0 & 0 \\ 0 & 0 & 0 & 1 & 0 & 0 \\ 0,942 & 0 & 0 & 0 & 0 & 0 \\ 0 & 0,803 & 0,114 & 0 & 0 & 0 \\ 0 & 0 & 0 & 0,716 & 0,094 & 0,107 \\ 0,889 & 0 & 0 & 0 & 0 & 0 \\ 0 & 0,760 & 0,092 & 0 & 0 & 0 \\ 0 & 0 & 0 & 0,608 & 0,174 & 0,076 \\ 0,838 & 0 & 0 & 0 & 0 & 0 \\ 0 & 0,703 & 0,087 & 0 & 0 & 0 \\ 0 & 0 & 0 & 0,610 & 0,134 & 0,065 \\ 0,790 & 0 & 0 & 0 & 0 & 0 \\ 0 & 0,653 & 0,080 & 0 & 0 & 0 \\ 0 & 0 & 0 & 0,572 & 0,122 & 0,065 \end{bmatrix} O_5 = \begin{bmatrix} 1 & 0 & 0 & 0 & 0 \\ 0 & 1 & 0 & 0 & 0 \\ 0 & 0 & 1 & 0 & 0 \\ 0,990 & 0 & 0 & 0 & 0 \\ 0 & 0,966 & 0 & 0 & 0 \\ 0 & 0 & 0,902 & 0,066 & -0,011 \\ 0,982 & 0 & 0 & 0 & 0 \\ 0 & 0,933 & 0 & 0 & 0 \\ 0 & 0 & 0,880 & 0,047 & -0,010 \\ 0,973 & 0 & 0 & 0 & 0 \\ 0 & 0,901 & 0 & 0 & 0 \\ 0 & 0 & 0,841 & 0,0473 & -0,010 \\ 0,964 & 0 & 0 & 0 & 0 \\ 0 & 0,871 & 0 & 0 & 0 \\ 0 & 0 & 0,806 & 0,045 & -0,010 \end{bmatrix}$$

$$O_6 = \begin{bmatrix} 1 & 0 & 0 & 0 \\ 0 & 1 & 0 & 0 \\ 0 & 0 & 1 & 0 \\ 0,996 & 0 & 0 & 0 \\ 0 & 0,818 & 0 & 0 \\ 0 & 0 & 0,836 & 0,110 \\ 0,993 & 0 & 0 & 0 \\ 0 & 0,669 & 0 & 0 \\ 0 & 0 & 0,811 & 0,092 \\ 0,990 & 0 & 0 & 0 \\ 0 & 0,548 & 0 & 0 \\ 0 & 0 & 0,771 & 0,090 \end{bmatrix},\qquad (III.58)$$

Les rangs des différentes matrices O_i sont donnés par(III.59).

$$\begin{cases} rang(O_1) = 4 = n_1, \\ rang(O_2) = 4 = n_2, \\ rang(O_3) = 5 = n_3, \\ rang(O_4) = 6 = n_4, \\ rang(O_5) = 5 = n_5, \\ rang(O_6) = 4 = n_6. \end{cases} \qquad (III.59)$$

Le calcul des différents rangs de toutes les matrices d'observabilité locales O_i atteste que les modèles locaux sont tous localement observables. Ce qui permet la conception des multiobservateurs pour l'estimation des états de la MADA.

Dans la suite, nous allons nous intéresser à l'étude de deux types de défauts : défauts « capteurs » et défauts « actionneurs ». Les défauts capteurs sont les défauts qui peuvent affecter les sorties de la machine. Les défauts actionneurs sont ceux qui affectent le convertisseur.

III.2.2. Conception des multiobservateurs pour la détection des défauts capteurs et des défauts actionneurs affectant la MADA

La synthèse du multiobservateur dépend du type de défauts simulés. On distingue ici trois cas : le premier s'intéresse à la synthèse d'un multiobservateur du multimodèle, avec des défauts capteurs. Les deux types de multiobservateur synthétisés précédemment (le multiobservateur de type PI et celui de type Lunberger) sont appliqués à l'estimation des défauts de la machine à double alimentation. Ces multiobservateurs doivent être capables d'estimer correctement les variables d'états du système d'une part, et de détecter les différents défauts qui affectent le système d'autre part, grâce à la génération des signaux des résidus. Pour la tâche d'isolation, un banc d'observateurs peut suffire.

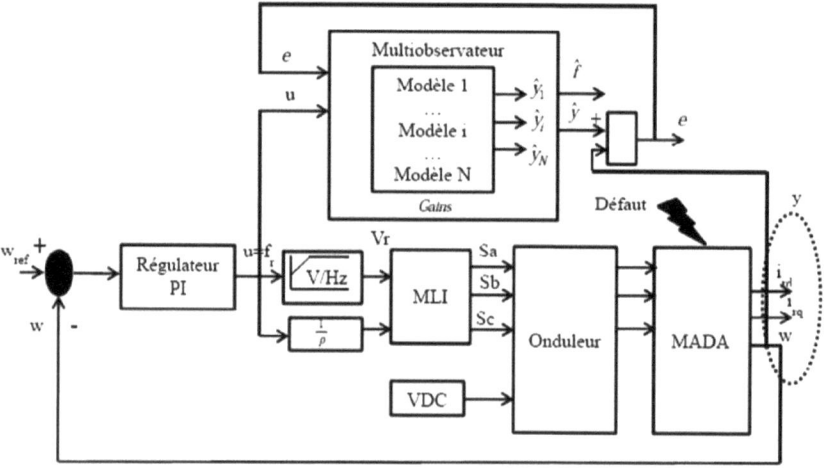

Figure III. 4 Principe du diagnostic de la MADA par multiobservateur.

On applique à la machine, en boucle fermée, une commande scalaire de la vitesse figure(III.4), les défauts capteurs pris en considération sont ceux qui affectent la sortie de la machine, côté rotorique. Le vecteur des sorties mesurées est donc constitué des courants rotoriques et de la vitesse. Dans ce cas, trois défauts capteurs sont présents; un défaut affectant la vitesse, un défaut au niveau du courant i_{rd} et un défaut au niveau du courant i_{rq}. Les figures (III.5)-(III.7) représentent les évolutions des différents défauts capteurs, simulés, avec des défauts de type sinusoïdal.

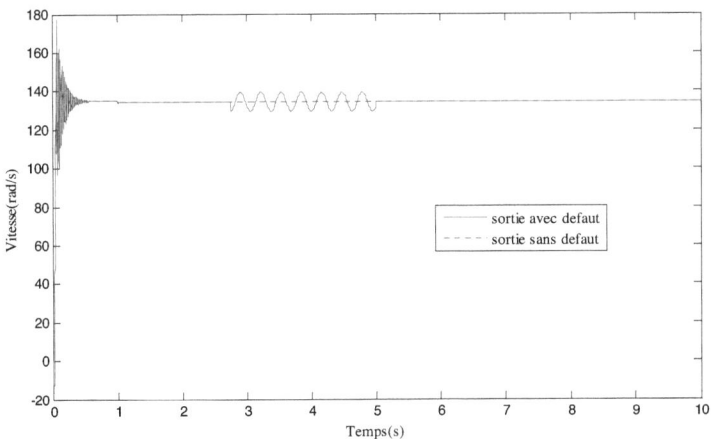

Figure III. 5 Défaut au niveau du capteur de vitesse.

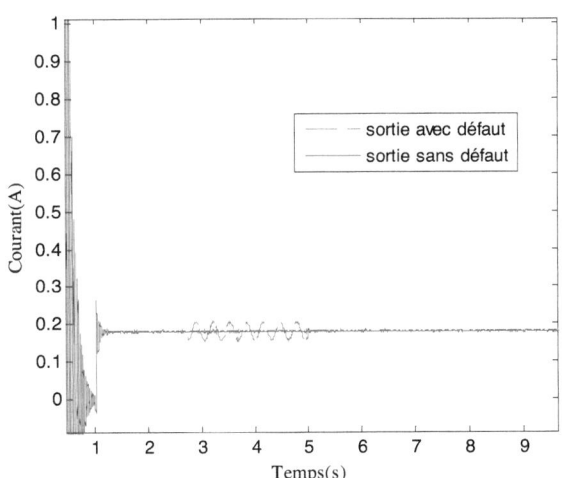

Figure III. 6 Défaut au niveau du capteur de courant i_{rd}.

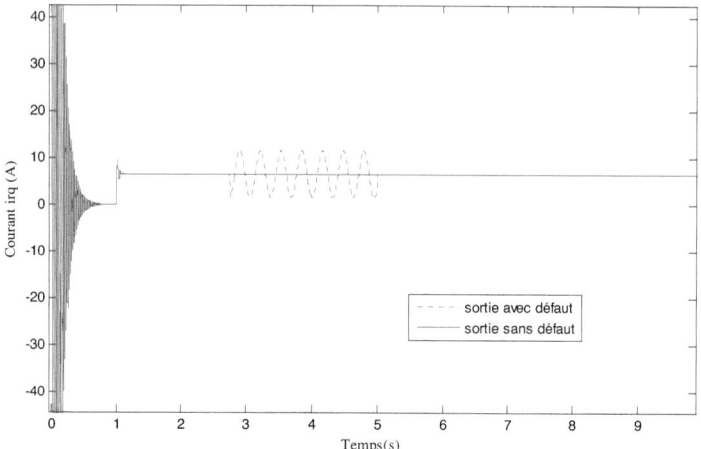

Figure III. 7Défaut au niveau du capteur de courant irq.

Le défaut actionneur, ici, étant le défaut simulé au niveau de l'entrée de l'onduleur, autrement dit, le défaut affectant le vecteur entrée du système qui est la fréquence Fr de l'onduleur. Le défaut simulé est de type sinusoïdal.

A. Le multiobservateur de Lunberger, appliqué à la MADA

La synthèse d'un multiobservateur de type Lunberger a engendré les matrices gains, données dans (III.60).

$$L_1 = \begin{bmatrix} 0,156 & 0 & 0 \\ 0 & 0,161 & 0 \\ 0 & 0 & 0,163 \end{bmatrix}, L_2 = \begin{bmatrix} 0,157 & 0 & 0 \\ 0 & 0,160 & 0 \\ 0 & 0 & 0,165 \end{bmatrix}, L_3 = \begin{bmatrix} 0,157 & 0 & 0 \\ 0 & 0,162 & 0 \\ 0 & 0 & 0,163 \end{bmatrix},$$

$$L_4 = \begin{bmatrix} 0,159 & 0 & 0 \\ 0 & 0,161 & 0 \\ 0 & 0 & 0,164 \end{bmatrix}, L_5 = \begin{bmatrix} 0,159 & 0 & 0 \\ 0 & 0,162 & 0 \\ 0 & 0 & 0,164 \end{bmatrix}, L_6 = \begin{bmatrix} 0,161 & 0 & 0 \\ 0 & 0,165 & 0 \\ 0 & 0 & 0,166 \end{bmatrix}$$

(III.60)

Les résultats de la simulation sur la machine avec défauts capteurs, permettent de générer les figures (III.8)-(III.13).

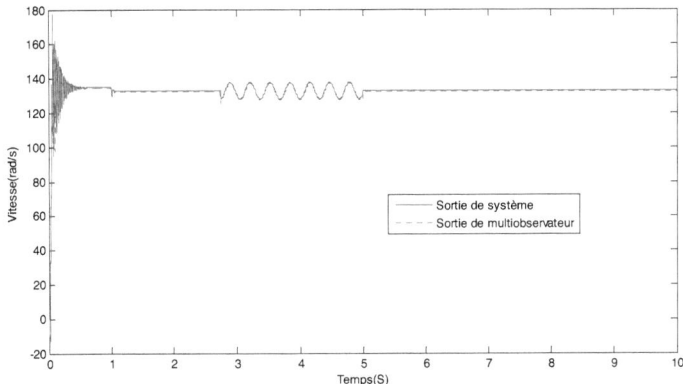

Figure III. 8 Evolution de sortie du système et du multiobservateur.

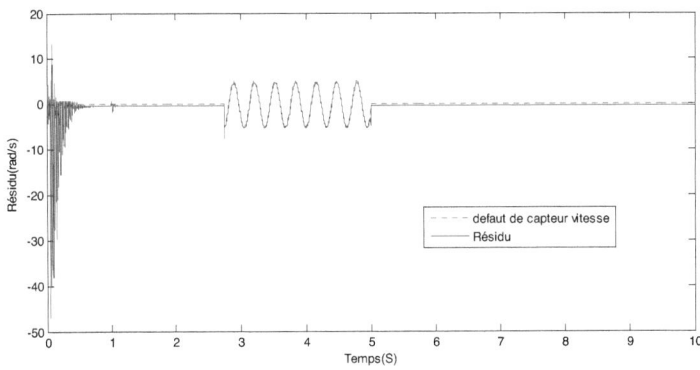

Figure III. 9 Evolution du signal résidu et du défaut capteur vitesse.

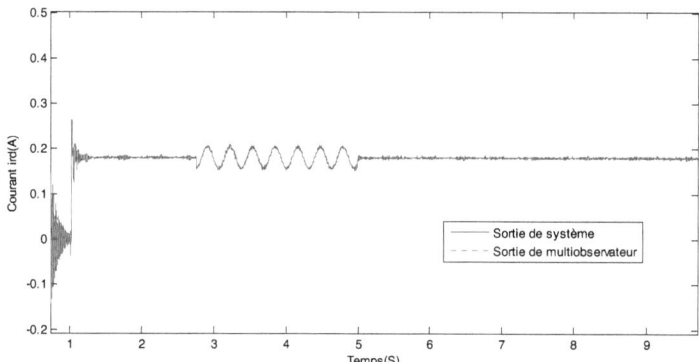

Figure III. 10 Evolution du courant i_{rd} issu du système et du multiobservateur.

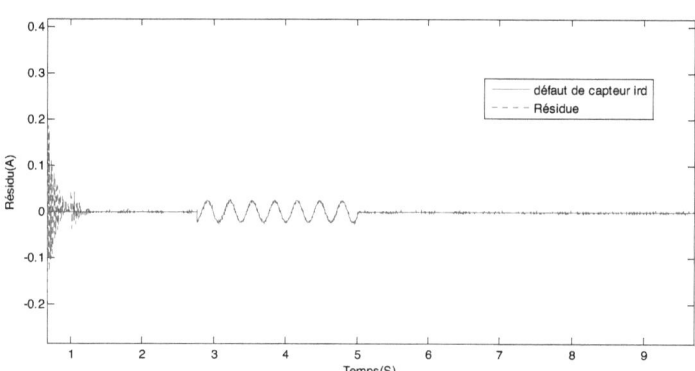

Figure III. 11 Evolution du signal résidu et du défaut capteur du courant i_{rd}.

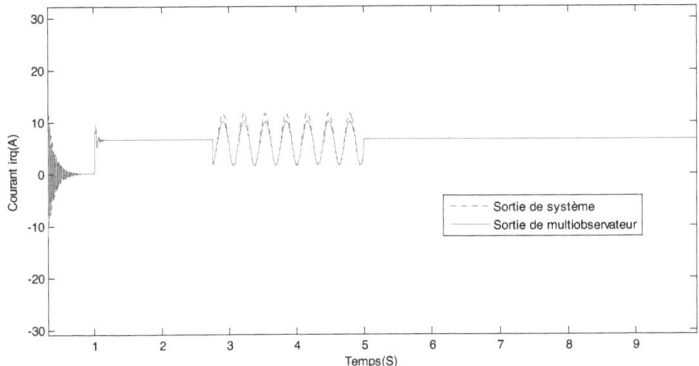

Figure III. 12 Evolution du curant i_{rq} issu du système et du multiobservateur.

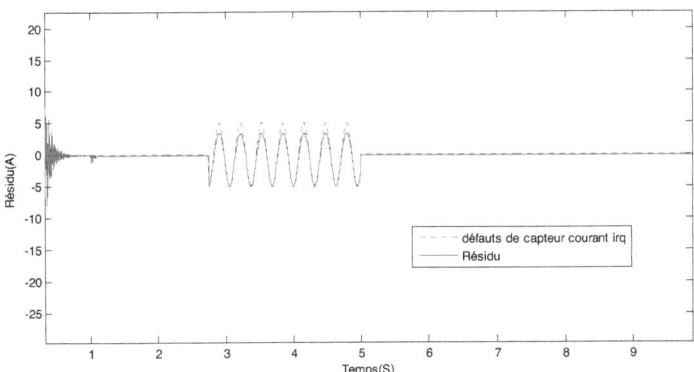

Figure III. 13 Evolution du signal résidu et du défaut capteur du courant i_{rq}.

Le multiobservateur de type Lunberger, ou proportionnel, permet de détecter les défauts qui peuvent affecter la machine, mais il est inapte à estimer les défauts actionneur.

B. Multiobservateur PI, appliqué à la MADA
- **Conception du multiobservateur PI avec défauts capteurs**

Dans ce cas, seuls les défauts capteurs sont concernés. Trois signaux de défauts affectent les sorties de la MADA. Les formes des signaux des défauts sont de type sinusoïdal $f(k) = a\sin(Fk)$, avec a comme amplitude du défaut et F comme fréquence du signal.

Ainsi, l'expression du multiobservateur est donnée par les relations (III.61) et(III.62).

$$\begin{cases} \hat{x}_i(k+1) = A_i\hat{x}_i(k) + B_iu(k) + D_i + E_i\hat{f}(k) + K_{pi}(y(k) - \hat{y}(k)) \\ \hat{f}(k+1) = \hat{f}(k) + \sum_{i=1}^{N} V_i(t)K_I(y(k) - \hat{y}(k)) \\ \hat{y}(k) = \sum_{i=1}^{N} V_iC_i\hat{x}_i(k) + M\hat{f}(k) \end{cases} \quad \text{(III.61)}$$

Avec,

$$E_i = [0]_{n_i \times 4}, \forall i = 1..N \text{ et } M = \begin{bmatrix} 0 & 0,5 & 0 & 0 \\ 0 & 0 & 0,5 & 0 \\ 0 & 0 & 0 & 0,5 \end{bmatrix} \quad \text{(III.62)}$$

La synthèse d'un tel observateur nécessite la détermination de ses matrices gains. Pour cela, il est alors indispensable de résoudre les différentes conditions LMI traitées dans (III.41)- (III.43).

Il existe à ce propos un ensemble de six systèmes LMI. La résolution de ces différentes inégalités permet de fournir les matrices gains K_{pi} et K_I données par (III.63).

$$Kp1 = \begin{bmatrix} 0,080 & 0 & 0 \\ 0 & 0,079 & 0 \\ 0 & 0 & 0,070 \\ 0 & 0 & 0,089 \end{bmatrix}, Kp2 = \begin{bmatrix} 0,0800 & 0 & 0 \\ 0 & 0,0997 & 0 \\ 0 & 0 & 0,0751 \\ 0 & 0 & 0,0908 \end{bmatrix}, Kp3 = \begin{bmatrix} 0,0799 & 0 & 0 \\ 0 & 0,0959 & 0 \\ 0 & 0 & 0,0516 \\ 0 & 0 & 0,0641 \\ 0 & 0 & 0,0555 \end{bmatrix},$$

$$Kp4 = \begin{bmatrix} 0,0788 & 0 & 0 \\ 0 & 0,0395 & 0 \\ 0 & 0,0437 & 0 \\ 0 & 0 & 0,0585 \\ 0 & 0 & 0,0725 \\ 0 & 0 & 0,0583 \end{bmatrix}, Kp5 = \begin{bmatrix} 0,0876 & 0 & 0 \\ 0 & 0,0947 & 0 \\ 0 & 0 & 0,0522 \\ 0 & 0 & 0,0544 \\ 0 & 0 & 0,0569 \end{bmatrix}, Kp6 = \begin{bmatrix} 0,1706 & 0 & 0 \\ 0 & 0,1785 & 0 \\ 0 & 0 & 0,1105 \\ 0 & 0 & 0,1522 \end{bmatrix}$$

$$KI = \begin{bmatrix} 0 & 0 & 0 \\ 0,3080 & 0 & 0 \\ 0 & 0,3170 & 0 \\ 0 & 0 & 0,5272 \end{bmatrix}$$

(III.63)

o **Génération des résidus**

Le multiobservateur ainsi synthétisé sert à la génération des résidus indicateurs de défaillance (III.64) qui représentent la tâche essentielle du diagnostic.

$$r(k) = y_{mm}(k) - \hat{y}(k) \tag{III.64}$$

$y_{mm}(k)$: La sortie du multimodèle sain.

$\hat{y}$: La sortie observée avec défaut générée par le multiobservateur.

Ces résidus vont être exploités pour indiquer l'occurrence d'un défaut. Ils sont exprimés par les équations (III.65).

$$\begin{cases} r = \begin{cases} R_w \\ R_{id} \\ R_{iq} \end{cases} \\ R_w = \hat{y}_1 - y_{mm1} \\ R_{id} = \hat{y}_2 - y_{mm2} \\ R_{iq} = \hat{y}_3 - y_{mm3} \end{cases} \tag{III.65}$$

R_w, R_{id} et R_{iq} désignent, respectivement, le signal du résidu de vitesse, le signal du résidu de courant i_{rd} et le signal du résidu de courant i_{rq}.

$\hat{y}_i$ désigne l'$i^{ème}$ sortie observée, et y_i désigne l'$i^{ème}$ sortie du multimodèle sain.

o **Détection, isolation et localisation des défauts capteurs**

Les résidus ainsi générés servent à la détection des défauts capteurs, s'ils vérifient la relation (III.66).

$$\begin{cases} r = 0, & \text{en l'absence de défaut} \\ r \neq 0, & \text{en présence de défaut} \end{cases} \tag{III.66}$$

Ainsi, dès qu'un résidu a une valeur différente de zéro, on peut affirmer qu'un défaut s'est produit.

La figure (III.14) représente l'évolution du signal vitesse, issu de la machine à double alimentation avec défaut, ainsi que son signal, estimé produit par le multiobservateur.

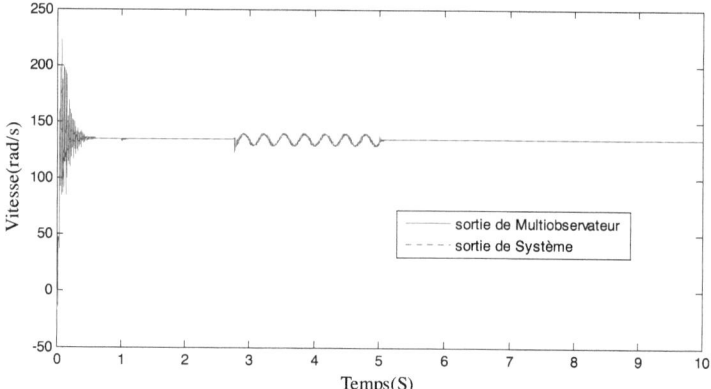

Figure III.14 Evolution des sorties du système et du multiobservateur.

La comparaison entre l'évolution du signal du résidu et celle du signal du défaut est illustrée dans la figure (III.15).

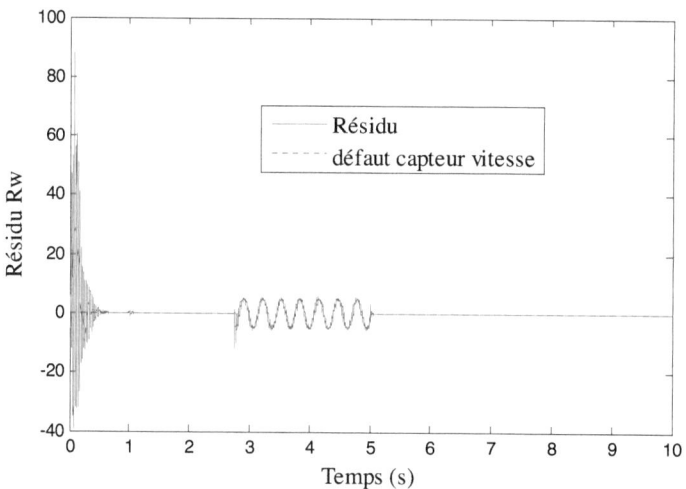

Figure III.15 Evolution du signal résidu et du défaut capteur de vitesse.

Le signal du résidu calculé, suit la valeur réelle du défaut capteur de vitesse qui se provoque entre les instants 2,76 s et 5s. Nous remarquons que le multiobservateur permet d'identifier le défaut.

L'évolution du signal du courant i_{rd} issu du système, comparée à celle généré par le multiobservateur, est exposée dans la figure (III.16).

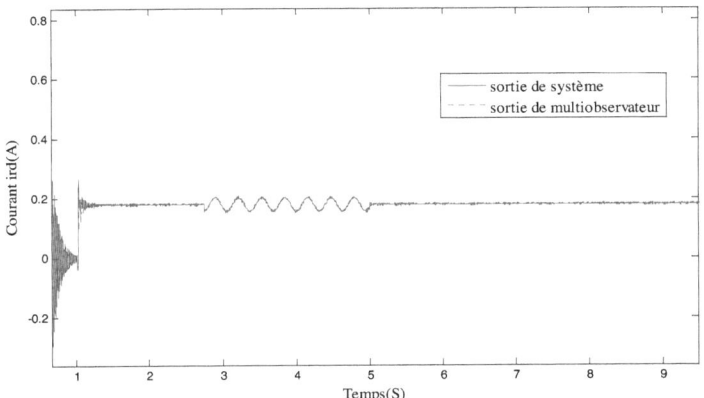

FigureIII. 16 Evolution des sorties du système et du multiobservateur.

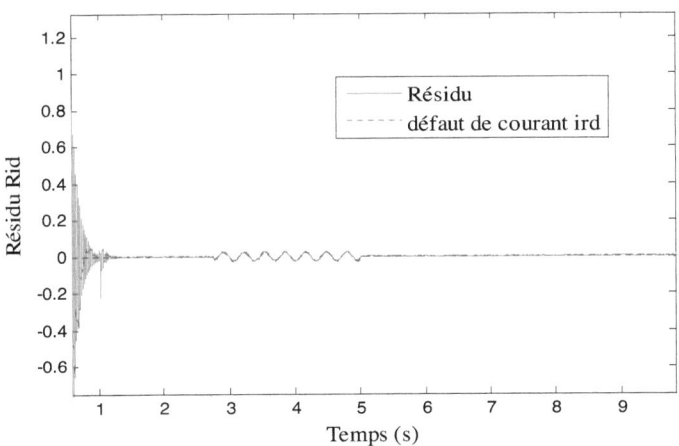

Figure III. 17 Evolution du signal résidu et du défaut capteur du courant ird.

L'évolution du signal du courant i_{rq} ainsi que celle du signal estimé, sont représentées par la figure (III.18).

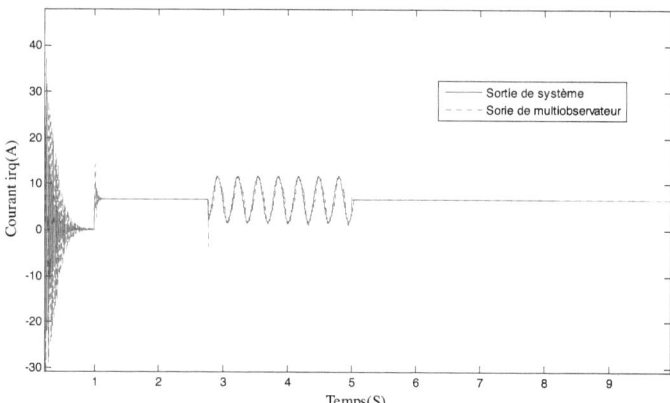

Figure III. 18 Evolution des sorties du système et du multiobservateur.

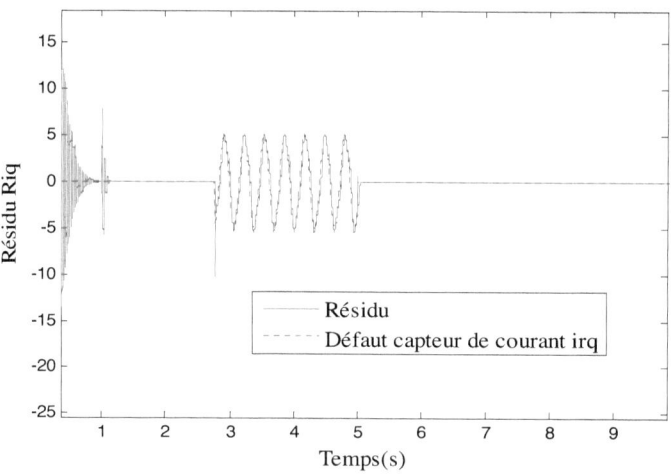

Figure III. 19 Evolution du signal résidu et du défaut capteur du courant i_{rq}.

Les différents signaux de résidus générés (figure(III.15), figure(III.17) et figure (III.19)) indiquent que les trois défauts capteurs sont bien détectés en même temps que leurs apparitions entre les instants 2,76 s et 5s.

Le multiobservateur PI utilisé, est apte, non seulement à détecter les signaux des défauts affectant les capteurs de la MADA, qui se manifestent simultanément, mais aussi à les identifier.

En effets, les sorties estimées de la vitesse, du courant i_{rd} et du courant i_{rq} suivent avec précision les sorties issues de la machine.

Les différents résidus qui suivent les évolutions des différents défauts capteurs de la vitesse, du courant i_{rd} et du courant i_{rq}, montrent que les défauts sont identifiés.

o **Localisation des défauts capteurs**

Pour l'isolation des défauts capteurs et actionneurs, autrement dit, pour reconnaître quel type de défaut s'est produit, souvent on choisit de créer un banc de multiobservateurs. Dans notre cas d'étude, pour la détection et l'isolation des différents types de défauts capteurs et actionneurs qui peuvent affecter la MADA, le multiobservateur PI étudié peut remplacer le banc d'observateurs puisqu'il est, dans sa structure, analogue à un banc de trois multiobservateurs ; un multiobservateur pour la détection des défauts vitesse, un second pour les défauts qui peuvent affecter le courant rotorique i_{rd}, un troisième pour le courant rotorique i_{rq}. Le multiobservateur PI permet de générer trois résidus représentés dans la figure (III.20).

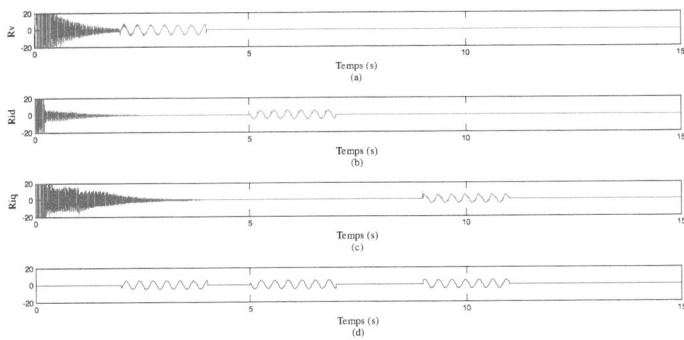

Figure III. 20 Scénario des résidus : (a) : Résidu de la vitesse Rw, (b) : Résidu du courant ird Rid, (c) : Résidu du courant irq Riq et (d) : Les défauts capteurs.

A t =2s, un défaut f_1 affecte le capteur de vitesse, puis ce défaut est éliminé à t =4s.

Un deuxième défaut f_2 se produit entre t =5s et t =7s tout en affectant le capteur de courant i_{rd}. Le troisième défaut affectant le capteur de courant i_{rq} survient entre la période de t =9s à t =11s.

La figure (III.20) explique l'isolation des différents défauts capteurs qui affectent la machine. Nous remarquons que, lorsque le premier défaut se produit seulement le résidu R_w est différent de zéro. De même, pour les résidus R_{id} et R_{iq}, n'ont des valeurs différentes de zéro que lorsque, respectivement, les défauts f_2 et f_3 sont présents sur les capteurs des courants i_{rd} et i_{rq}. Ainsi, le tableau III.1 peut être dressé.

Tableau III.1. Les relations résidus/défauts.

	R_w	R_{id}	R_{iq}
f_1	$\neq 0$	0	0
f_2	0	$\neq 0$	0
f_3	0	0	$\neq 0$

Cette table est fortement localisante comme on applique un banc de structure DOS ou diagonale. De ce fait, chaque défaut peut être détecté et localisé.

On peut calculer des signaux de décision ou d'indicateurs de défauts booléens I_v, I_d et I_q. Une table de signature (tableau III.2) peut être dressée à ce propos.

Tableau III.2. Les relations résidus/défauts.

	I_v	I_d	I_q
f_1	1	0	0
f_2	0	1	0
f_3	0	0	1

Les indicateurs des défauts I_v, I_d, I_q sont respectivement et uniquement sensibles aux défauts qui affectent, dans l'ordre, le capteur de vitesse, le capteur de courant i_{rd} et le capteur de courant i_{rq}.

- **Multiobservateur PI avec défaut actionneur**

Considérons le cas où un défaut affecte l'entrée de l'onduleur, connecté aux enroulements rotoriques de la MADA. Prenons en considération les erreurs de mesure des entrées qui affectent la fréquence rotorique f_r dans la synthèse du multiobservateur.

Le multiobservateur peut être décrit par les expressions (III.67).

$$\begin{cases} \hat{x}_i(k+1) = A_i\hat{x}_i(k) + B_i u(k) + D_i + E_i \hat{f}(k) + K_{pi}(y(k) - \hat{y}(k)) \\ \hat{f}(k+1) = \hat{f}(k) + \sum_{i=1}^{N} V_i(k) K_I (y(k) - \hat{y}(k)) \\ \hat{y}(k) = \sum_{i=1}^{N} V_i C_i \hat{x}_i(k) + M\hat{f}(k) \end{cases} \quad (III.67)$$

Avec,

$$E_i = B_i, \forall i = 1..N \text{ et } M = \begin{bmatrix} 0,2 & 0 & 0 \\ 0 & 0,2 & 0 \\ 0 & 0 & 0,2 \end{bmatrix} \quad (III.68)$$

L'effet du défaut de l'actionneur sur les sorties du système peut être exprimé par la valeur de la matrice M, qui doit être non nulle : $M \neq 0$

Un signal de défaut sinusoïdal est additionné à l'entrée du système u=f$_r$(t)

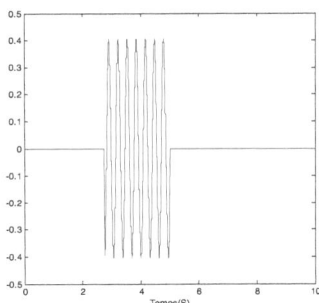

Figure III. 21 Signal de défaut

o **Détection du défaut actionneur**

Les résidus des sorties peuvent nous renseigner sur l'occurrence d'un défaut actionneur, vu que le défaut actionneur a des influences sur les sorties. Donc on peut constater que le défaut actionneur est détecté au même temps que son apparition en 2.7s.

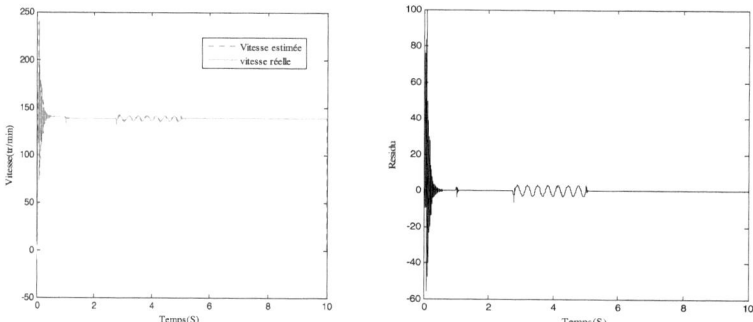

Figure III. 22 Evolution de la vitesse réelle et celle estimée et du résidu de vitesse

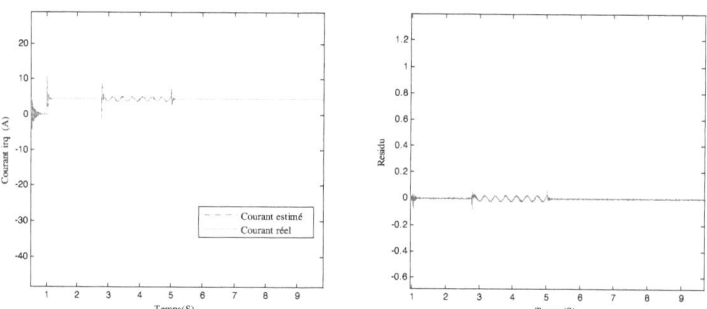

Figure III. 23 Evolution du courant i_{rq} réel et celui estimé et du résidu

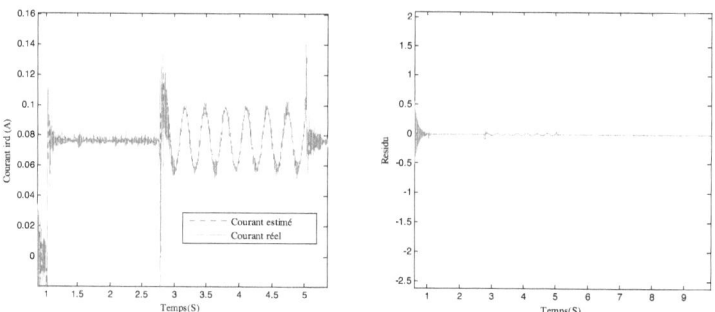

Figure III. 24 Evolution du courant i_{rd} réel et celui estimé et du résidu.

Le calcul du vecteur défaut actionneur estimé, permet de déterminer un vecteur de quatre composants (III.69).

$$\hat{f}(k) = \left[\hat{f}_1(k)\, \hat{f}_2(k)\, \hat{f}_3(k)\, \hat{f}_4(k) \right]^T \qquad (III.69)$$

Les trois premiers composants représentent, respectivement, les effets du défaut actionneur sur la vitesse de sortie, sur le courant i_{rd} et sur le courant i_{rq}. Le quatrième composant qui est l'estimé du défaut actionneur dont il est uniquement sensible. Ce qui permet de prouver que le défaut actionneur est détecté et isolé.

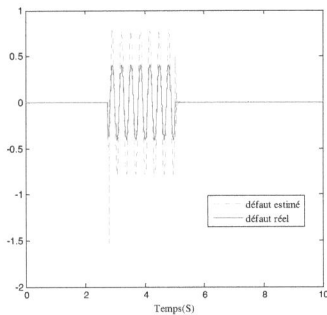

Figure III.25 Evolution du signal du défaut actionneur et de son estimée.

o **Isolation et localisation des défauts capteurs et actionneur**

Dans ce cas, les deux types de défauts sont étudiés : le défaut actionneur et les défauts capteurs de vitesse, courant i_{rd} et courant i_{rq}. Les matrices des défauts sont données par la relation (III.70).

$$E_i = B_i, \forall i = 1..N \text{ et } M = \begin{bmatrix} 0{,}2 & 0 & 0 \\ 0 & 0{,}2 & 0 \\ 0 & 0 & 0{,}2 \end{bmatrix} \qquad (III.70)$$

Les résidus sont calculés selon le système d'équations (III.71) et sont représentés par la figure (III.26).

$$\begin{cases} r_1(k) = R_w = \hat{y}(1,k) - y_{mm}(1,k) \\ r_2(k) = R_{id} = \hat{y}(2,k) - y_{mm}(2,k) \\ r_3(k) = R_{iq} = \hat{y}(3,k) - y_{mm}(3,k) \\ r_4(k) = R_a = \hat{f}_4(k) \end{cases} \qquad (III.71)$$

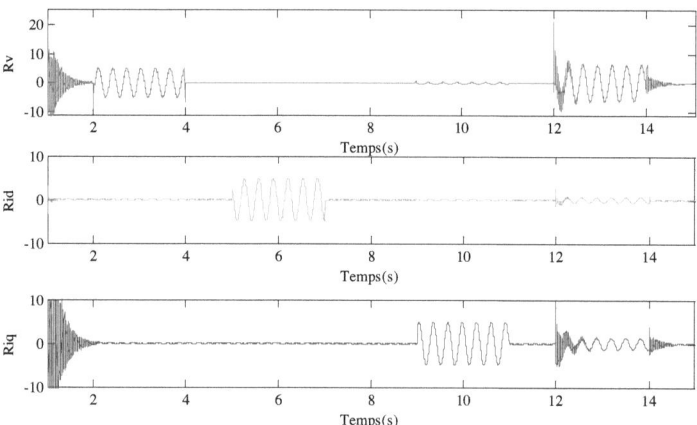

Figure III. 26 Scénario des résidus : résidu de la vitesse Rw, résidu du courant i_{rd} R_{id}, résidu du courant i_{rq} R_{iq}.

A t=2s, un défaut f_1 affecte le capteur de vitesse, puis ce défaut est éliminé à t=4s. Un deuxième défaut f_2 se produit entre t=5s et t=7s tout en affectant le capteur de courant i_{rd}. Le troisième défaut affectant le capteur de courant i_{rq} survient entre la période de t=9s à t=11s. Ensuite, un défaut actionneur arrive entre t=12s et t=14s.

La figure (III.26) explique l'isolation des différents défauts capteurs qui affectent la machine. Nous remarquons que lorsque le premier résidu est sensible, seulement, au défaut de vitesse et au défaut d'actionneur. De même, pour les résidus R_{id} et R_{iq}, qui n'ont des valeurs différentes de zéro que lorsque, respectivement, les défauts f_2 et f_3 sont présents sur les capteurs des courants i_{rd} et i_{rq} ainsi que le défaut actionneur. Le tableau III.3 peut être alors dressé.

Tableau III.3. Les relations résidus/défauts.

	Rw	R_{id}	R_{iq}	R_a
f_1	≠0	0	0	≠0
f_2	0	≠0	0	≠0
f_3	0	0	≠0	≠0

Nous pouvons admettre que lorsque le résidu Rw est diffèrent de zéro un défaut de capteur de vitesse s'est produit, de même, si R_{id} et R_{iq} sont différents de zéro. Nous constatons que des défauts capteurs des courants i_{rd} et i_{rq} se sont produits. Si les trois résidus sont différents de zéro au même temps, alors on peut constater qu'un défaut actionneur a eu lieu.

IV. Validation expérimentale du diagnostic par approche multimodèle : application à la machine asynchrone

Cette partie traite de la validation expérimentale du diagnostic par l'approche multimodèle, développée précédemment. Le multimodèle du moteur asynchrone utilisé est celui élaboré dans le chapitre sur la modélisation.

La mise en équation d'état est donnée par les relations (III.72).

$$A_1 = \begin{bmatrix} 0,89 & 0 \\ 0 & 0.93 \end{bmatrix}, A_2 = \begin{bmatrix} 0,914 & 0 \\ 0 & 0.978 \end{bmatrix}, A_3 = \begin{bmatrix} 0,889 & 0 & 0 \\ 0 & 0 & 1 \\ 0 & 0.155 & 0.037 \end{bmatrix},$$

$$A_4 = \begin{bmatrix} 0 & 1 & 0 \\ 0 & 0.705 & 1 \\ 0 & 0 & 0.938 \end{bmatrix}, A_5 = \begin{bmatrix} 0,99 & 0 \\ 0 & 0.815 \end{bmatrix}, A_6 = \begin{bmatrix} 0 & 1 & 0 & 0 \\ 0,266 & 0,602 & 0 & 0 \\ 0 & 0 & 0 & 1 \end{bmatrix},$$

$$A_7 = \begin{bmatrix} 0 & 1 & 0 \\ 0,257 & 0,652 & 0 \\ 0 & 0 & 0,928 \end{bmatrix}, A_8 = \begin{bmatrix} 0 & 1 & 0 \\ 0,280 & 0,65 & 0 \\ 0 & 0 & 0,469 \end{bmatrix}$$

(III.72)

$$B1 = \begin{bmatrix} 0,107 \\ 0,013 \end{bmatrix}, B2 = \begin{bmatrix} 0,084 \\ 0,003 \end{bmatrix}, B3 = \begin{bmatrix} 0,110 \\ 0 \\ 0,223 \end{bmatrix}, B4 = \begin{bmatrix} 0 \\ 0,011 \\ 0,012 \end{bmatrix}$$

$$B5 = \begin{bmatrix} 0,008 \\ 0,081 \end{bmatrix}, B6 = \begin{bmatrix} 0 \\ 0,129 \\ 0 \\ 0,155 \end{bmatrix}, B7 = \begin{bmatrix} 0 \\ 0,090 \\ 0,032 \end{bmatrix}, B8 = \begin{bmatrix} 0 \\ 0,068 \\ 0,161 \end{bmatrix}$$

$C1 = \begin{bmatrix} 0 & 1 \end{bmatrix}, C2 = \begin{bmatrix} 0 & 1 \end{bmatrix}, C3 = \begin{bmatrix} 0 & 0 & 1 \end{bmatrix}, C4 = \begin{bmatrix} 0 & 0 & 1 \end{bmatrix}$
$C5 = \begin{bmatrix} 0 & 1 \end{bmatrix}, C6 = \begin{bmatrix} 0 & 0 & 0 & 1 \end{bmatrix}, C7 = \begin{bmatrix} 0 & 0 & 1 \end{bmatrix}, C8 = \begin{bmatrix} 0 & 0 & 1 \end{bmatrix}$

Notre intérêt va se focaliser maintenant sur la validation du multiobservateur de type PI, pour l'estimation simultanée des états et défauts du moteur.

Le cas des défauts capteurs est étudié autour d'un point de fonctionnement, à une vitesse de 600tr/min. Ainsi, deux défauts capteurs affectent la sortie de la machine : un défaut au niveau de la vitesse et un défaut au niveau du capteur courant.

Soit un défaut d'amplitude constante, dont la forme est représentée dans la figure (III.27), affectant la vitesse de la machine.

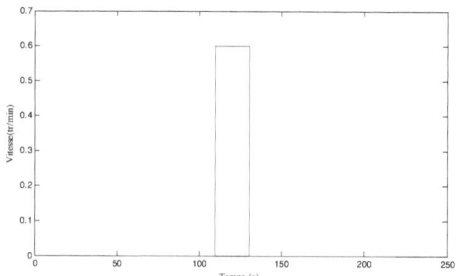

Figure III. 27 signal du défaut.

La résolution des différents LMI exprimés dans (III.72) permet de générer les différentes matrices gains du multiobservateur.

$$K_{I1} = \begin{bmatrix} 0{,}113 & 0.0348 \\ 0{,}048 & 0.1184 \end{bmatrix}, K_{I2} = \begin{bmatrix} 0.130 & 0.0376 \\ 0.046 & 0.1183 \end{bmatrix}, K_{I3} = \begin{bmatrix} 0.121 & 0.0340 \\ 0.025 & 0.0200 \\ 0.026 & 0.0208 \end{bmatrix}, K_{I4} = \begin{bmatrix} 0.025 & 0.0200 \\ 0.085 & 0.0679 \\ 0.047 & 0.1123 \end{bmatrix},$$

$$K_{I5} = \begin{bmatrix} 0.148 & 0.0354 \\ 0.057 & 0.0813 \end{bmatrix}, K_{I6} = \begin{bmatrix} 0.025 & 0.0200 \\ 0.063 & 0.0503 \\ 0.025 & 0.0200 \\ 0.043 & 0.0349 \end{bmatrix}, K_{I7} = \begin{bmatrix} 0.025 & 0.0200 \\ 0.072 & 0.0575 \\ 0.047 & 0.1096 \end{bmatrix}, K_{I8} = \begin{bmatrix} 0.025 & 0.0200 \\ 0.071 & 0.0572 \\ 0.047 & 0.0376 \end{bmatrix} \quad \text{(III.73)}$$

$$Kp = \begin{bmatrix} 0.025 & 0 \\ 0 & 0.020 \end{bmatrix}$$

La sortie du système réel avec défaut, ainsi que celle estimée, sont représentées dans figure (III.28). Les résultats obtenus montrent que la sortie estimée par l'observateur PI suivi avec une erreur acceptable la sortie réelle avec défaut.

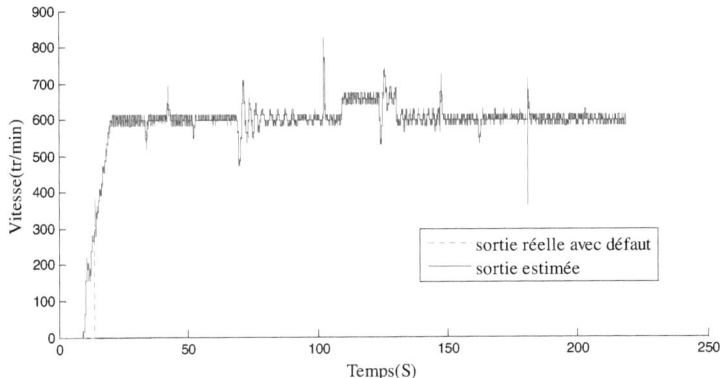

Figure III. 28 Sortie réelle avec défaut, et sortie estimée.

Le défaut réel qui se produit à l'instant t= 109s, et celui estimé, sont représentés par la figure (III.29).

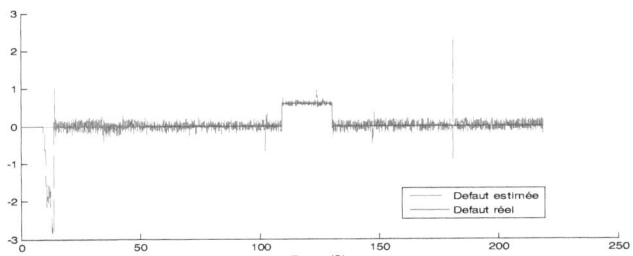

Figure III. 29 Evolution du défaut réel et du défaut estimé.

Soit le défaut appliqué au capteur courant de la machine asynchrone à l'instant t = 14s, dont la forme est donnée par la figure (III.30).

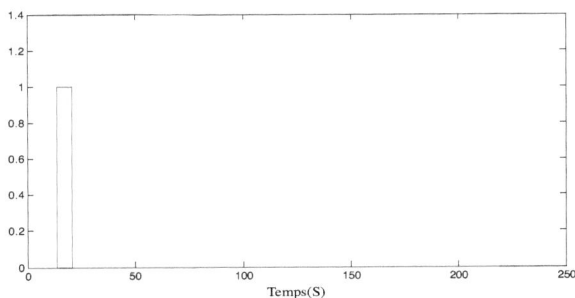

Figure III. 30 Signal du défaut.

La sortie réelle du courant avec celle estimée, sont données par la figure (III.31).

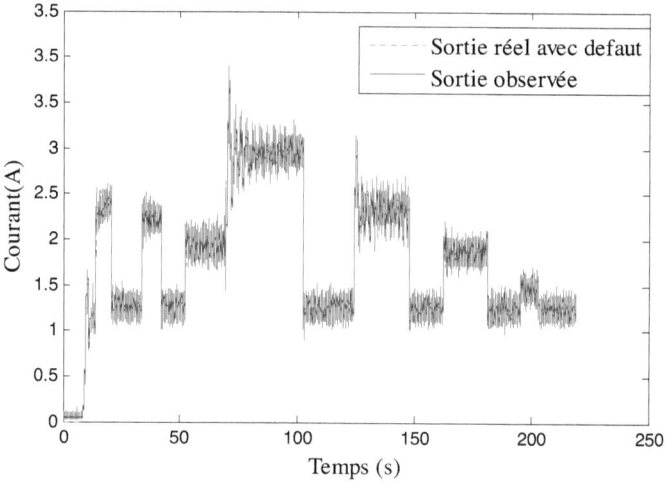

Figure III. 29 Evolution de la sortie réelle courant avec défaut, et celle estimée.

La figure (III.32) représente le défaut réel et celui estimé.

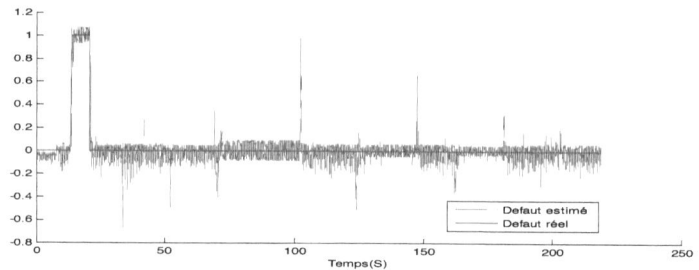

Figure III. 302 Défaut du courant réel et son estimé.

Les résultats expérimentaux obtenus montrent que l'approche multi-modèle a permis, avec succès la détection des différents défauts capteurs appliqués au capteur de vitesse et au courant de la machine asynchrone. La détection dépend des signaux des résidus générés. Si ces résidus ont des valeurs supérieures à un certain seuil, on peut noter qu'un signal de défaut affecte le capteur, à l'instant où ce résidu change de valeur. Le seuil est la valeur du résidu, calculé dans le cas où le système est sans défaut.

En plus de la détection, les défauts sont aussi identifiés et estimés.

Dans notre cas, l'isolation des défauts capteurs de vitesse et celle des défauts capteurs de courant sont garanties puisque chaque résidu généré dépend seulement d'un seul défaut.

V. Conclusion

Dans ce chapitre, le diagnostic par approche multi-modèle a été étudié et appliqué pour la détection et l'isolation des défauts affectant la machine à double alimentation et la machine asynchrone à cage.

Dans un premier temps, un observateur de Luenberger classique est mis en œuvre pour la détection des défauts capteurs des courants de la MADA en se basant sur le modèle diphasé classique. La détection des défauts dépend du gain de l'observateur. Ce gain doit être ajusté à chaque valeur de vitesse, vu que l'état de la machine dépend de la vitesse. Ce qui rend la tâche de diagnostic nuisible et difficile.

De ce fait, deux types de multiobservateurs, l'un de type Lunberger, l'autre de type PI, sont synthétisés et appliqués.

Le multiobservateur de type PI est plus efficace pour la détection, l'identification et l'isolation des différents types de défauts, capteurs et actionneurs.

Une validation expérimentale de l'approche proposée est présentée sur une machine asynchrone à cage pour la détection et l'estimation des défauts affectant la vitesse et le courant de la machine.

Les résultats de la simulation et de l'expérimentation ont permis de montrer l'efficacité de la stratégie du diagnostic adoptée.

Conclusion générale et perspectives

L'objectif principal de cette thèse est de profiter des performances des algorithmes de diagnostic et de modélisation basée sur l'approche multimodèle pour les adapter et les intégrer au domaine des entraînements électriques, et en particulier, pour améliorer la sûreté de fonctionnement des machines asynchrones qui constitue un élément de base dans les applications industrielles. L'étude a concerné les deux types de machines asynchrones : la machine asynchrone à cage d'écureuil, ou classique, et la machine asynchrone à double alimentation.

Lors du premier chapitre de cette thèse, dans une première partie, nous avons entamé une étude de l'état de l'art sur la machine asynchrone à double alimentation, ses configurations les plus adaptées, ainsi que son principe et mode de fonctionnement. En plus, les différents types de défauts capteurs, actionneur et machine, qui peuvent affecter les machines asynchrones ont étés étudiés. Une deuxième partie a été consacrée à l'état de l'art sur le principe du diagnostic, aux différents types de défauts ainsi qu'aux différentes méthodes de détection et de localisation des défauts.

Vu que la modélisation est un outil de base pour appliquer les méthodes de détection et de localisation, fondées sur l'approche multi-modèle, le deuxième chapitre s'est intéressé à représenter la machine asynchrone à double alimentation, premièrement, par son modèle mathématique classique, dans le repère triphasé et le repère diphasé, et deuxièmement, par un multimodèle. Les équations qui relient les différentes variables réelles symétriques, représentant la machine dans le repère triphasé ont été développées, puis transformées, selon le principe de transformation de Park, pour décrire la machine dans le repère diphasé (dq). Après une description du principe général de l'approche multimodèle, le multimodèle de la MADA a été élaboré, suite à l'application d'une série d'étapes, à savoir l'acquisition de base de données, la classification en classes, l'identification paramétrique et structurelle des sous modèles, et la fusion, suivant des validités comptées des différents sous modèles. Des méthodes de classification de base des données, issues de la MADA après excitation de la fréquence rotorique, ont été développées.

Une étude comparative entre la classification par la méthode « de Chiu », la méthode de classification « C-means » et l'algorithme « k-means » a été réalisée, pour aboutir à une nouvelle méthode combinant les trois algorithmes. Cette nouvelle méthode consiste à déterminer le nombre de classes par l'algorithme « de Chiu », de générer les centres initiaux par l'algorithme de C-mean, afin d'être utilisés par l'algorithme de K-means. La modélisation par approche multi-modèle basée sur la nouvelle méthode de classification, a été validée expérimentalement en l'appliquant pour la modélisation du courant et de la vitesse de la machine asynchrone.

Dans le troisième chapitre, le diagnostic de la MADA a été étudié. Dans la première partie, une méthode classique à base d'un observateur de Luenberger a été adoptée. Les limites de cet observateur nous ont amené à appliquer des multiobservateurs pour la détection et la localisation des défauts capteurs de vitesse des courant i_{rd} et i_{rq}, ainsi que les défauts actionneurs affectant la fréquence rotorique au niveau de l'onduleur. Deux types de multiobservateurs ont étés appliqués : le premier de type Luenberger, et l'autre, de type proportionnel intégral. Les résultats ont montré l'efficacité du multiobservateur PI qui a été validé expérimentalement par son application à la détection et la localisation des défauts capteurs de la machine asynchrone classique.

Les contributions essentielles apportées par cette thèse peuvent être résumées dans un premier temps, dans la construction d'un nouveau modèle de la machine asynchrone fondée sur l'approche multi-modèle. Deuxièmement, dans l'application de l'approche multi-modèle pour l'amélioration des moyens de diagnostic des défauts, au sein des machines asynchrones. La stratégie du diagnostic des défauts adoptée à base de multiobservateur a été validée expérimentalement.

En ce qui concerne les perspectives envisagées dans ce thème de recherche, il serait intéressant de considérer, pour le problème de modélisation par l'approche multi-modèle, de tenir compte, lors de la validation expérimentale, du comportement global du moteur asynchrone à cage dans tous les domaines de fonctionnement d'une part, et de la validation expérimentale de la modélisation de la machine asynchrone à double alimentation, d'autre part. De plus, il est intéressant de considérer le problème de commande tolérante aux défauts.

Références Bibliographiques

[1]   A. Boyette, "Contrôle-commande d'un générateur asynchrone à double alimentation avec système de stockage pour la production éolienne", thèse de doctorat, de l'Université Henri Poincaré, Nancy 1, Décembre 2006.

[2]   P.-E. Vidal, "Commande non-linéaire d'une machine asynchrone à double alimentation", thèse de doctorat, l'Institut National Polytechnique de Toulouse, Décembre 2006.

[3]   F. Bonnet, "Contribution à l'Optimisation de la Commande d'une Machine Asynchrone à Double Alimentation utilisée en mode Moteur", Thèse de doctorat, l'Institut National Polytechnique de Toulouse, Septembre 2008.

[4]   S. Khojet El Khil, " Commande Vectorielle d'une Machine Asynchrone Doublement Alimentée (MADA) : Optimisation des pertes dans les convertisseurs Reconfiguration de la commande pour un fonctionnement sécurisé ", Thèse Doctorat, L'Institut National Polytechnique de Toulouse & L'École Nationale d'Ingénieurs de Tunis, Décembre 2006.

[5]   M. Lagoun, A. Benalia, M. Benbouzid, "A Predictive power control of Doubly Fed Induction Generator for Wave Energy Converter in Irregular Waves", IEEE ICGE 2014, Sfax, Tunisia, pp. 26-31, Mar 2014.

[6]   **Abid Aicha**, Ben Hamed Mouna, Sbita Lassaâd, "Multimodel Modeling of Doubly Fed Induction Motor", International Review on Modeling and Simulations(I.RE.MO.S.),vol. 7,N.2, pp.238-244, Avril 2014.

[7]   G. Salloum, " Contribution à la commande robuste de la machine asynchrone à double alimentation", thèse de doctorat, L'Institut National Polytechnique de Toulouse, Mars 2007.

[8]   S. Drid, "Contribution à la modélisation et à la commande d'une machine à induction double alimentée à flux orienté avec optimisation de la structure d'alimentation : Théorie et expérimentation ", thèse de doctorat, Université de Batna ,2005.

[9]   F. Poitiers, " Etude et commande de génératrices asynchrones pour l'utilisation de l'énergie éolienne : machine asynchrone à cage autonome, machine asynchrone à double alimentation reliée au réseau ", thèse de doctorat, l'Université de Nantes ,2003.

[10] Shi Xiaodong, M. Krishnamurthy, " Digital Control of Induction Machines as a Backup Control Strategy for Fault Tolerant Operation of Traction Motors ", IEEE Journal of Emerging and Selected Topics in Power Electronics,vol. 2, pp. 651–658, 2014.

[11] V.Verma, Chakraborty, C., " Improving the performance of speed sensorless induction motor drive with rotor broken bar failure by stator current signature analysis ", Industrial Electronics (ISIE), 2014 IEEE 23rd International Symposium on, pp. 830–835, 2014.

[12] D. Ichalal, "Estimation et diagnostic de systèmes non linéaires décrits par un modèle de Takagi-Sugeno ", thèse de doctorat, 2009.

[13] J. Han ; J.Gao, P.Jonker, Yan Qi ; J.A.B.Fortes," Toward hardware-redundant, fault-tolerant logic for nanoelectronics ", Design & Test of Computers, IEEE, vol. 22, pp. 328 - 339, 2005.

[14] J. Seshadrinath, B. Singh, B.K.Panigrahi, "Investigation of Vibration Signatures for Multiple Fault Diagnosis in Variable Frequency Drives Using Complex Wavelets", Power Electronics, IEEE Transactions on, vol. 29 ,pp. 936 – 945, 2013.

[15] H. Baikeche," Diagnostic des systèmes linéaires en boucle fermée" , Thèse Doctorat, Octobre 2007.

[16] H. Mohamed Basri, Lias, K. ; Wan Zainal Abidin, W.A. ; Tay, K.M., " Fault Detection using Dynamic Parity Space Approach ", Power Engineering and Optimization Conference (PEDCO) Melaka, Malaysia, 2012 Ieee International, pp. 52 - 56, 2012.

[17] Y. Tharrault, "Diagnostic de fonctionnement par analyse en composantes principales : Application à une station de traitement des eaux usées", Thèse Doctorat, Décembre 2008.

[18] V. Puig n, J. Blesa, "Limnimeter and rain gauge FDI in sewer networks using an interval parity equations based detection approach and an enhanced isolation scheme", Control Engineering Practice, 21, 146–170, 2013.

[19] M. Khov, J. Regnier, J. Faucher, "On-Line Parameter Estimation of PMSM in Open Loop and Closed Loop", International Conference on Industrial Technology, Churchill, Victoria, Australia, 2009.

[20] S. Bachir, " Contribution au diagnostic de la machine asynchrone par estimation paramétrique ", Thèse Doctorat, Décembre 2002.

[21] B. Larroque, "Observateurs de systèmes linéaires Application à la détection et localisation de Fautes", thèse de doctorat, Septembre 2008

[22] A. Akhenak, "Conception d'observateurs non linéaires par approche multi-modèle : application au diagnostic", Thèse Doctorat, Institut National Polytechnique de Lorraine, Décembre 2004.

[23]   R. CASIMIR, "Diagnostic des défauts des machines asynchrones par reconnaissance des formes", Thèse Doctorat, Décembre 2003.

[24]   O. ONDEl, " Diagnostic par reconnaissance des formes : application a un ensemble convertisseur – machine asynchrone", Thèse doctorat, Octobre 2006.

[25]   M. A. SHAMSI NEJAD, "Architectures d'Alimentation et de Commande d'Actionneurs Tolérants aux Défauts - Régulateur de Courant Non Linéaire à Large Bande Passante", Thèse doctorat, Juillet 2007.

[26]   B. Vaseghi, "Contribution à l'étude des machines électriques en présence de défaut entre-spires", Thèse Doctorat, Décembre 2009.

[27]   M. ABDELLATIF, "Continuité de service des entraînements électriques pour une machine à induction alimentée par le stator et le rotor en présence de défauts capteurs", Thèse doctorat, Avril 2010.

[28]   A. Ceban, "Méthode globale de diagnostic des machines électriques", Thèse doctorat, Février 2012.

[29]   A. Dendouga, "Contrôle des puissances active et réactive de la machine à double alimentation (DFIM)" , thèse de doctorat, Février 2010.

[30]   A. Chaiba, "Commande de la machine asynchrone à double alimentation par des techniques de l'intelligence artificielle", thèse de doctorat, Juillet 2010.

[31]   F. Grouz, "Diagnostic et isolation des défauts d'un actionneur synchrone à aimants permanents", thèse de doctorat, Mars 2013.

[32]   L. Benalia, "Commande en tension des moteurs à induction double alimentes", thèse de doctorat, Juin 2010.

[33]   G. Abad, J. López, M. A. Rodríguez, L. Marroyo, G. Iwanski, "Doubly Fed Induction Machine: Modeling and Control for Wind Energy Generation," 709p, John Wiley & Sons. Septembre 2011.

[34]   A. Akhenak, "Conception d'observateurs non linéaires par approche multi-modèle : application au diagnostic" Thèse Doctorat, Institut National Polytechnique de Lorraine, Décembre 2004.

[35]   R. Orjuela, "Contribution à l'estimation d'état et au diagnostic des systèmes représentés par des multimodèles", Thèse Doctorat, novembre 2008.

[36]   N. Elfelly, J-Y Dieulot, M. Benrejeb, P. Borne," A Multimodel Approach for Complex Systems Modeling based on Classification Algorithms", INT. J. COMPUT. COMMUN., vol.7, No. 4, pp. 644-659, 2012.

[37]   **Abid Aicha**, Amel Adouni, Mouna Ben Hamed and Lassaâd Sbita, "A New Pv Cell Model Based On Multi Model Approach", The Fourth International Renewable Energy Congress, Sousse, Tunisia, pp. 1447- 1452, 20-22, December 2012.

[38]   P. P. Angelov et D. P. Filev, "An Approach to Online Identification of Takagi-Sugeno Fuzzy Models", IEEE transactions on systems, Man, and cybernetics-part B: Cybernetics, vol. 34, no. 1, 484-489, Février 2004.

[39]   R. Toscano, "Robust synthesis of a PID controller by uncertain multimodel approach ", Information Sciences, vol. 177, pp. 1441–1451, 2007.

[40]   Abid Aicha, Ben Hamed Mouna, Sbita Lassaâd, "Induction Motor Real Time Application of Multimodel Modeling Approach", International Review of Electrical Engineering (IREE), Vol. 6, no. 2, pp. 655-660, 2011.

[41]   D. LU, Q. WENG," A survey of image classification methods and techniques for improving classification performance", International Journal of Remote Sensing Vol. 28, No. 5, pp. 823–870, 2007.

[42]   A.P. Alexandridis, C.I. Siettos, H.K. Sarimveis, A.G. Boudouvis et G.V. Bafas, "Modelling of nonlinear process dynamics using Kohonen's neural networks, fuzzy systems and Chebyshev series" Computers and Chemical Engineering 26, 479–486, 2002.

[43]   H. Guldemır, A. Sengur," Comparison of clustering algorithms for analog modulation classification", Expert Systems with Applications, vol. 30, pp. 642–649, 2006.

[44]   T. Velmurugan ,"Performance based analysis between k-Means and Fuzzy C-Means clustering algorithms for connection oriented telecommunication data", Applied Soft Computing, Vol. 19, pp. 134–146, June 2014.

[45]   Jeong-Yeop K., "Segmentation of Lip Region in Color Images by Fuzzy Clustering", International Journal of Control, Automation, and Systems, vol. 12, no. 3, pp.652-661, 2014.

[46]   S. L. Chiu, Fuzzy Model Identification Based On Cluster Estimation, Journal of Intelligent and Fuzzy Systems, vol. 2, pp. 267 – 278, 1994.

[47]   G. Casalino, N. Del Buono, Corrado Mencar," Subtractive clustering for seeding non-negative matrixfactorizations", Information Sciences, vol. 257, pp. 369–387, 2014.

[48]   Yugal Kumar and G. Sahoo, "A New Initialization Method to Originate Initial Cluster Centers for K-Means Algorithm", International Journal of Advanced Science and Technology, vol.62, pp.43-54, 2014.

[49]   P.Geenu, T. Varghese, K. V. Purushothaman, N. Albert Singh, "A Fuzzy C Mean Clustering Algorithm for Automated Segmentation of Brain MRI", Advances in Intelligent Systems and Computing, vol. 247, pp. 59-65, 2014.

[50] H. Yating, Q.Fuheng, W.Changji, "An unsupervised possibilistic c-means clustering algorithm with data reduction", Fuzzy Systems and Knowledge Discovery (FSKD), 2013 10th International Conference on, pp. 29 – 33, 2013.

[51] R. Orjuela, B.Marx, J. Ragot, D. Maquin,"Nonlinear system identification using heterogeneous multiple models", Int. J. Appl. Math. Comput. Sci., vol. 23, No. 1, 103–115, 2013.

[52] D. Luenberger, «An introduction to observer », IEEE Trans. Automatic Control, vol. 16, no 6, pp. 596-602, 1971.

[53] K. Tanaka, T. Ikeda et Y. Y. He, Fuzzy regulators and fuzzy observers: relaxed stability conditions and LMI-based design, IEEE Trans. Fuzzy Systems, Vol. 6 (1), pp. 250-256, 1998.

[54] H. Hamdi, M. Rodrigues, C. Mechmeche, D. Theilliol and N. BenHadj Braiek, "Fault detection and isolation in linear parameter-varying descriptor systems via proportional integral observer", International journal of adaptive control and signal processing, Vol. 26, pp 224-240, 2012.

[55] K. Bouibed, L. Seddiki, K. Guelton," Actuator and sensor fault detection and isolation of an actuated seat via nonlinear multi-observers", Systems Science & Control Engineering, vol. 2, pp. 150-160, 2014

[56] **Abid Aicha**, Ben Mabrouk Zaineb, Ben Hamed Mouna, Sbita Lassaâd, "Multiple Lunberger Observer for an Induction Motor represented by decoupled multiple model", 2013 10th International Multi-Conference on Systems, Signals & Devices (SSD) Hammamet, Tunisia, March 18-21, 2013.

[57] M. Addel-Geliel; Zakzouk, S.," Application of multi-model fault diagnosis for an industrial system", Control & Automation (MED), 2013 21st Mediterranean Conference on, pp. 413 – 418, 2013.

[58] A. M. Nagy-Kiss, G.Schutz, J.Ragot, "State, unknown input and uncertainty estimation for nonlinear systems using a Takagi-Sugeno model", Control Conference (ECC), 2014 European, pp. 1274 – 1280, 2014.

[59] R. Orjuela, B. Marx, J. Ragot, and D. Maquin, "State estimation for nonlinear systems using a decoupled multiple model". International Journal of Modelling Identification and Control, vol. 4(1) pp.59–67, 2008.

[60] R. Orjuela, B. Marx, J. Ragot, and D. Maquin, "Fault diagnosis for nonlinear systems represented by heterogeneous multiple models", 2010 Conference on Control and Fault Tolerant Systems, Nice, France, pp. 600–605, October 6-8, 2010.

Annexes

Paramètres de machine asynchrone à double alimentation

Les Paramètres de MADA

Variable	Description	Valeur
R_s	Résistance statorique propre	0.05 Ω
R_r	Résistance rotorique propre	0.38 Ω
M_{sr}	Inductance mutuelle	47.3 H
L_s	Inductance statorique propre	0.05 H
L_r	Inductance rotorique propre	0.05 H
J	Moment d'inertie	0.05 Kgm2
f	Coefficient de frottement visqueux	0.003 Nm/rad/s
N_p	Nombre de pair de pôle	2

RESUME

Ce travail de thèse s'intéresse à la modélisation, à la détection et à la localisation des défauts des machines asynchrones fondées sur l'approche multi-modèle. Etant une phase cruciale dans l'application des algorithmes de diagnostic, la modélisation de la machine asynchrone est proposée. Deux modèles mathématiques ont été développés : un modèle classique, triphasé et un biphasé. Afin de surmonter les limites de ces modèles, un multimodèle est conçu. Celui-ci multimodèle est le produit de quatre étapes consécutives qui sont : l'acquisition d'une base de données, la classification des données selon des groupes, l'identification paramétrique et structurelle des différents sous modèles, et finalement, la fusion de ces sous modèles pour la formation du multimodèle. Une étude comparative entre trois méthodes de modélisation à base de trois algorithmes de classification a été réalisée. Cette étude a permis de créer une nouvelle stratégie de classification. L'application de l'approche multi-modèle basée sur la nouvelle stratégie de classification au diagnostic requiert la conception de multiobservateurs. Ainsi, deux types de multiobservateurs sont proposés et appliqués à la machine asynchrone à double alimentation en mode moteur. Le premier multiobservateur est du type Luenberger. Tandis que le deuxième est du type proportionnel-intégral. Pour prouver l'efficacité des multiobservateurs proposés, un observateur de type Luenberger classique est synthétisé. La modélisation multi-modèle par la nouvelle stratégie de classification, ainsi que la détection et l'isolation des défauts sont validées expérimentalement sur la machine asynchrone à cage. Les résultats expérimentaux et de simulation vérifient l'efficacité de l'approche étudiée.

Mots-clés

Approche multi-modèle, modélisation, diagnostic, multiobservateurs, Machine asynchrone à double alimentation et machine asynchrone à cage.

ABSTRACT

This thesis deals with the modeling, detection and isolation of induction motor faults based on the multi-model approach. Firstly, as a crucial step to apply the diagnosis approach, the modeling of the induction machine is necessary. Thus, two types of models have been studied. Initially, a classical three phase model and a two-phase model are established. Then, a multimodel for the doubly fed induction motor is created after applying four consecutive steps that are database acquisition, data classification into groups, parametric and structural identification of different sub models and fusion of these obtained sub models. The application of the multi-model approach in the diagnosis of the DFIM's faults requires the design of multiobservers. Two types of multiobservers are proposed and applied to the doubly fed induction motor. The first multiobserver is Luenberger type. While, the second is proportional-integral type. To prove the effectiveness of the proposed multiobservers, a classic Luenberger observer is conceived. The multi-model modeling via the new proposed classification strategy and the proposed fault detection and isolation methods are experimentally validated on a 1kw induction motor. The simulation and experimental results prove the effectiveness of the discussed approach.

Keywords

Multi-model approach, modeling, diagnosis, multiobservers, DFIM and Induction motor.

Oui, je veux morebooks!

I want morebooks!

Buy your books fast and straightforward online - at one of the world's fastest growing online book stores! Environmentally sound due to Print-on-Demand technologies.

Buy your books online at
www.get-morebooks.com

Achetez vos livres en ligne, vite et bien, sur l'une des librairies en ligne les plus performantes au monde!
En protégeant nos ressources et notre environnement grâce à l'impression à la demande.

La librairie en ligne pour acheter plus vite
www.morebooks.fr

SIA OmniScriptum Publishing
Brivibas gatve 1 97
LV-103 9 Riga, Latvia
Telefax: +371 68620455

info@omniscriptum.com
www.omniscriptum.com

Printed by Books on Demand GmbH, Norderstedt / Germany